헤어 · 메이크업

일러스트레이션

Illustration

한명숙 · 손만식

청구문화사

illust

헤어 · 메이크업 일러스트레이션

ration

책을 내면서······

21세기 문화산업의 발전과 함께 헤어, 메이크업 분야는 뷰티산업 뿐만 아니라 광고, 연극영화, 방송, 패션, 공연예술 등 다양한 분야에서 요구되는 예술의 한 장르인 인체연출로써 발전하고 있다.

일러스트레이션은 패션디자이너, 헤어디자이너, 메이크업아티스트, 스타일리스트 등이 아이디어가 떠올랐을 때 그 이미지를 정확히 상대에게 전달하거나 아이디어 구상을 위해서 디자이너가 갖추어야 할 필수적인 조건이다. 따라서 창조적이고 계획적인 작업이 요구되고 적용범위가 점차 확대되어가고 있는 현실을 생각할 때 일러스트레이션에 대한 인식과 학문적 체계화가 시급한 현실이다.

이에 헤어 · 메이크업 일러스트레이션은 기본적 기초소묘, 얼굴의 세부묘사, 연령층에 따른 일러스트레이션(아동, 남성, 여성, 중년, 노인), 재료와 표현 기법에 의한 응용, 얼굴형에 따른 응용, 시대에 따른 헤어 메이크업 응용, 기타 다양한 참고 작품 등 일러스트레이션에 관한 전반적인 내용을 기초부터 활용까지 단계적으로 정리하였다.

대학에서 이 분야의 문호를 개방한지도 벌써 10년을 넘기고 있고, 최근에는 학부와 대학원 전공과정이 개설되는 등 사회전반의 관심을 받고 있는 실정임에도 불구하고, 현재 우리 나라의 헤어 · 메이크업 관련분야는 아직도 디자이너의 감각에만 의존하는 경우가 많다 따라서 디자이너로서 갖추어야 할 여러 단계의 과학적이고 계획적이며 창조적인 작업이 요구되고 있는바, 이 작은 책자가 인체 연출가의 꿈을 안고 공부하는 디자이너들에게 조금이나마 도움이 되었으면 하는 바램을 가져본다.

최선을 다하였으나 아직도 부족한 점이 많음을 절감한다. 이러한 점들은 여러 선배제현들의 조언을 받아 계속적으로 수정 · 보완해 나갈 것을 다짐하며, 이 책이 나오기까지 격려해 주신 주위의 많은 분들과 출판을 위해 너무 많은 배려를 해주신 도서출판 靑丘文化社에 깊이 감사드린다.

2000년 12월

저자 識

CONTENTS

CONTENTS

일러스트레이션 (illustration)이란 ?

일러스트레이션이라는 말은 일반적으로 본문의 내용을 돕는 모든 종류의 드로잉(drawing), 다이어그램, 혹은 이미지를 총칭하는 말이다.

시각디자인의 한 분야로써 전문성을 띤 일러스트레이션은 출판 · 광고와 같은 인쇄 매체를 통해 어떤 목적이나 내용을 효과적으로 전달하기 위하여 표현한 일체의 그림을 말한다. 이는 사진(photography)과 대립되는 개념으로 손으로 그려진 이미지, 시각전달 기능을 보완하는 방법 중 심볼 (symbol) 이나 사인 (sign) 이외의 모든 회화적 또는 조형적 표현을 일러스트레이션이라고 말할 수 있다.

모든 시각예술(Visual Art)이 이미지를 만드는 것과 관련이 있다고 보면 그 이미지가 특별한 정보를 전달하는 것을 목적으로 하였을 경우에는 일러스트레이션이 사실적인 사진보다 더 효과적일 때가 많은데, 사진으로 파악할 수 없는 어떤 경지를 미시적(微視的)으로 까지 표현할 수도 있기 때문이다. 또한 사실주의(寫實主義)와 초현실주의(超現實主義)의 기법을 잘 활용하여 리얼리티 뿐만 아니라 환상적인 분위기까지 표현할 수 있어 쉽게 대중적인 언어로서 전달의 기능을 갖게 된다.

일러스트레이션의 역사와 정의

선사시대의 동굴 벽화로부터 고대 그림문자, 중세 필사본 삽화, 르네상스 목판, 근대의 대중예술, 현대의 멀티미디어 아트에 이르기까지 일러스트레이션은 그 시대의 초상으로서 주술적 의식, 종교적 신념, 관습적 일상, 정치적 이슈, 공공적 합의 등을 언론, 광고, 출판, 통신, 패션 등의 커뮤니케이션 채널을 통해 주고받는 예술로써 존재해 왔다. 일러스트레이션이란 소통의 예술, 대중적 미의식과 복제커뮤니케이션의 예술적 기술(미술)인 셈이다.

또한 작가자신의 세계를 일관하여 추구하는 예술과는 성질이 다르다고 볼 수 있다. 다시 말하면 항상 일상적 세계와의 흥정 위에 성립하고 있는 미술이 일러스트레이션이며 그것을 받아들이는 대중과 같은 시대문화의 공유물인 셈이다.

한편 초기의 일러스트레이션이 대부분 눈앞의 대상을 재현하는데 목적을 두었지만 20세기에 들어와서는 작가의 예리한 통찰력과 기발한 아이디어, 익살스러운 유머감각 등 재현에서 벗어나 상상의 폭을 넓혀주면서 개인의 표현과 정신을 가진 대중적 예술로써 자리를 잡아가고 있다.

헤어와 메이크업 일러스트레이션은 인체 연출가로서 미술의 매체를 빌어 이미지의 시각화, 인체연출의 메시지를 전달하는 만큼 중요한 대중적 예술의 한 부분인 것이다. 표현하고자 하는 이미지와 작가의 개성이 창출되기까지는 기초 소묘에서부터 정확한 인체의 골격, 근육 등을 이해하고 재료의 선택, 용구의 사용법에까지 많은 연습이 필요하다.

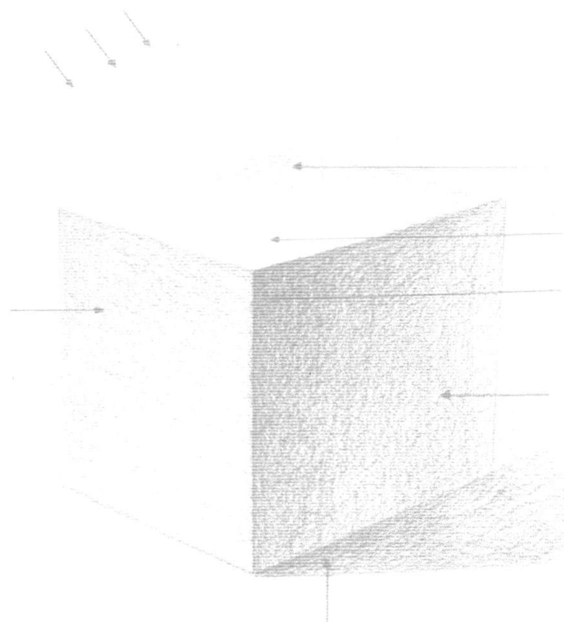

I 장. 기초소묘

1. 연필로 그리는 명도단계

2. 두개골 및 안면 근육

3. 두부의 카논법

제 I 장. 기초소묘

1. 연필로 그리는 명도단계

사람은 누구나 밝고 어두운 것을 구별할 수 있는 능력을 갖고 있다.

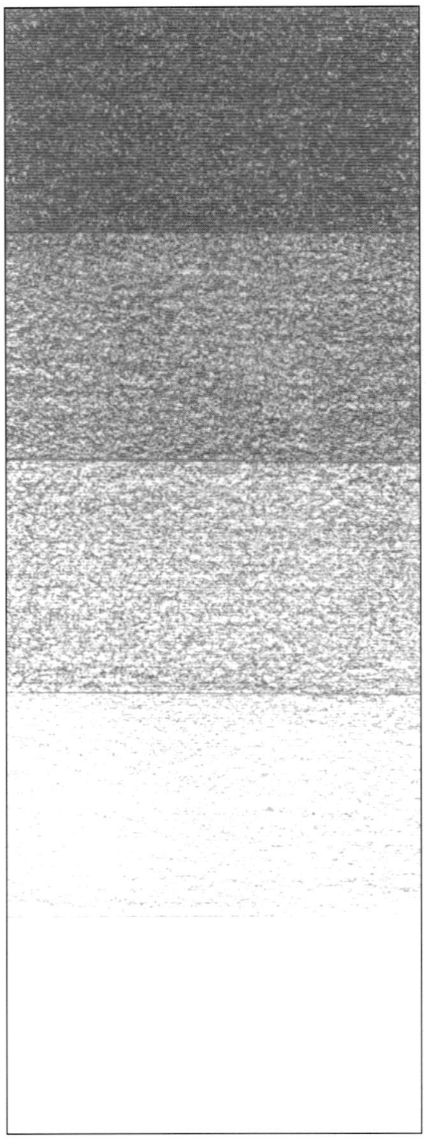

· 5단계의 명암을 기본적으로 알고 그린다.

· 검정색과 흰색을 빼고 나면 중간색이 남는다. 이 중간색들이 그림에서 꼭 필요한 명도이다.

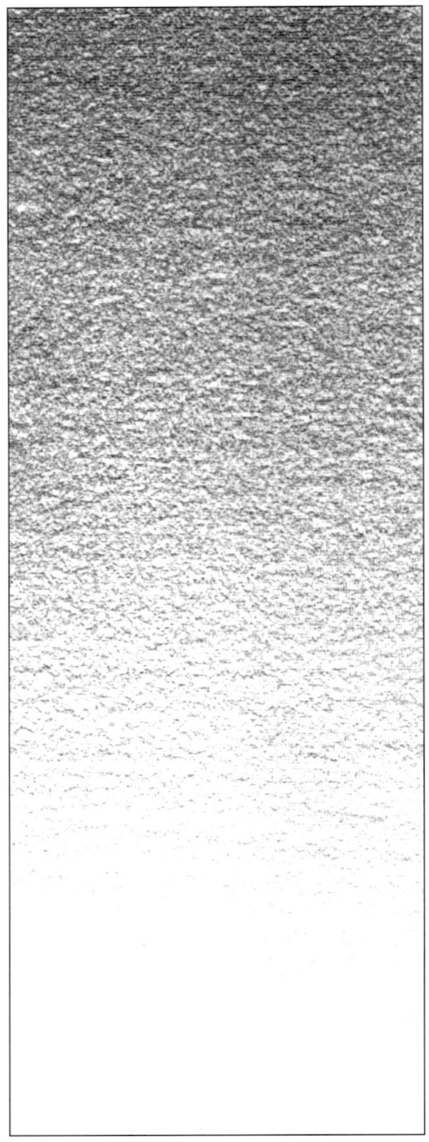

· 그라데이션 (Gradation) : 색채나 명암의 농담법으로서 여기서는 검정색에서 중간색, 흰색까지 내려가는 명도의 순서를 말한다.

※그라데이션은 일러스트레이션에서 많이 쓰이는 기법 중 하나이다.
부드럽게 변화하는 색상을 느끼면서 그린다.

1) 연필의 표현 과 선(Line)

선에는 직선과 곡선이 있으며 직선 안에는 수직선, 수평선, 사선이 있다. 위에서 아래로의 직선은 낙하를, 그 역은 상승을 나타내고 또 분할을 나타낸다. 사선은 안쪽길이를, 수평선은 폭을 나타낸다.
그것들이 화면 속에 형태나 운동 방향을 그려낸다.

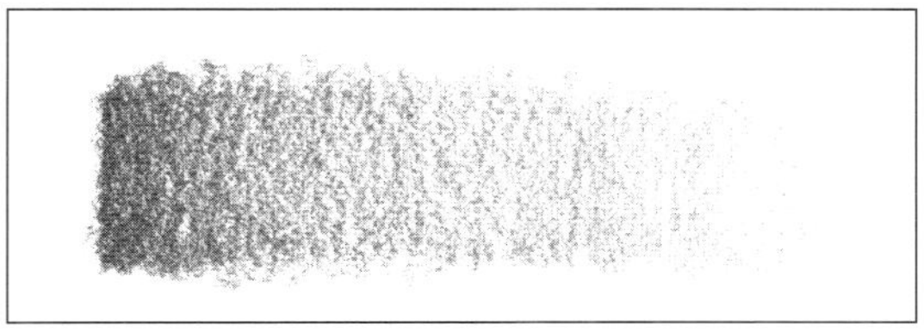
명도가 높은 부분에서 낮은 부분으로

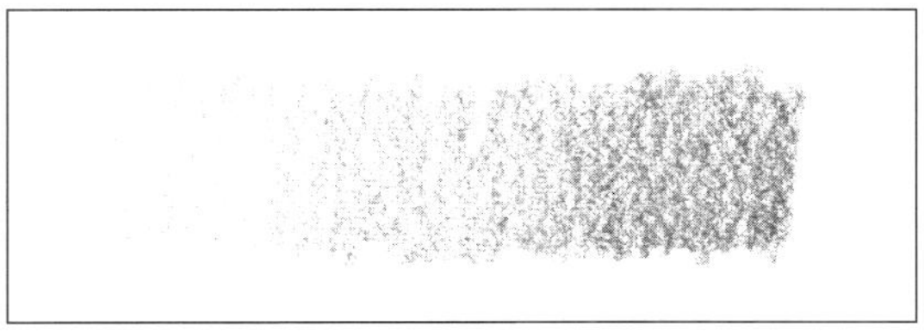
명도가 낮은 부분에서 높은 부분으로

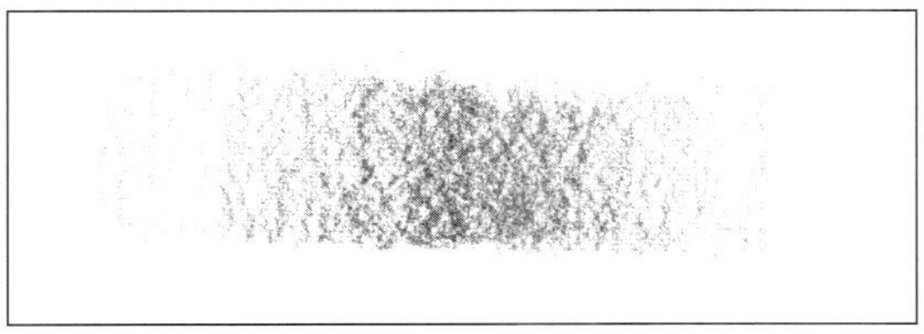
중간에 명도가 높은 표현

날카롭고 굵기가 약한 선

넓고 투박한 선

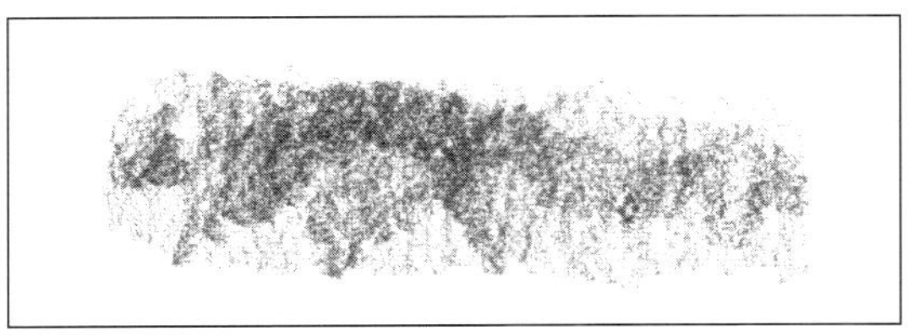
변화를 준 선

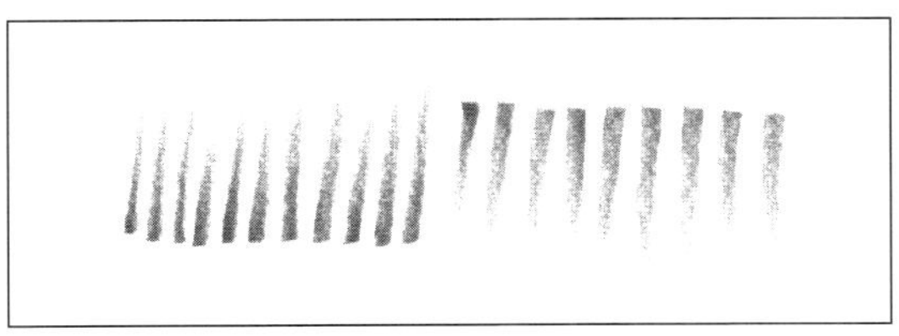
강약을 준 선

여러가지 선

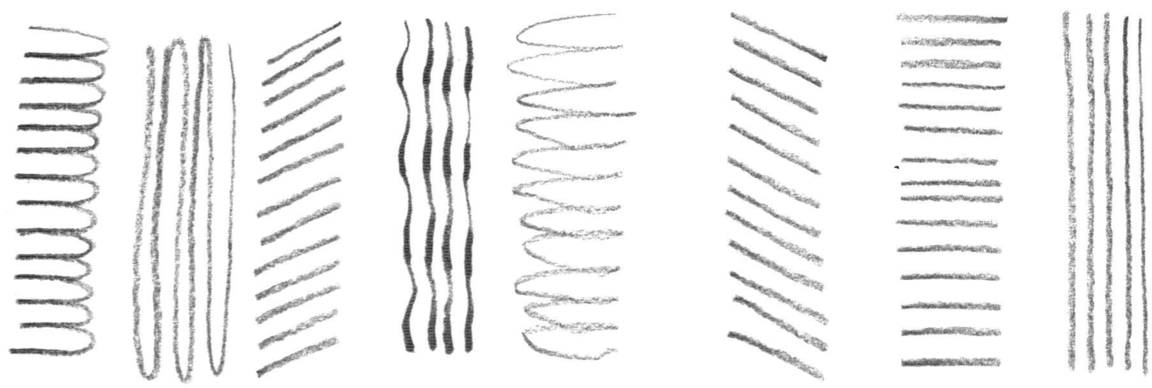

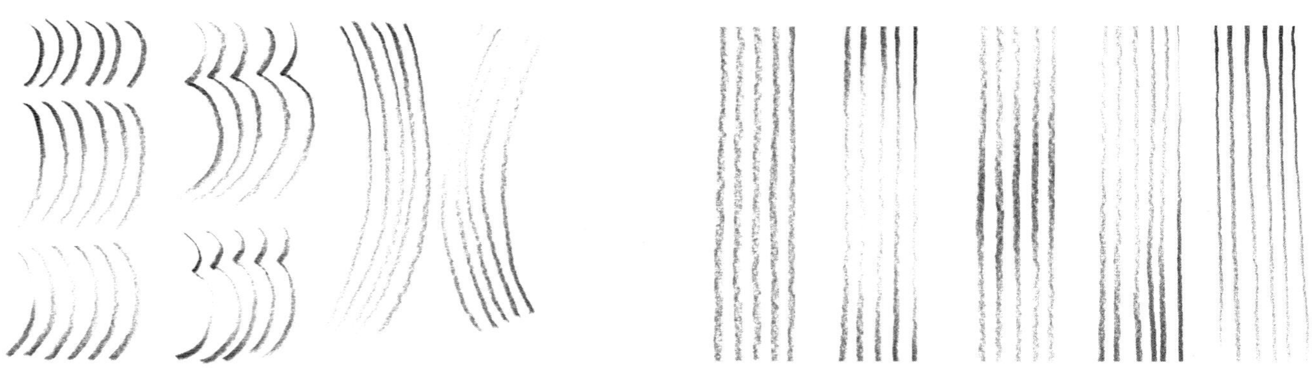

※ 연필과 지우개의 사용

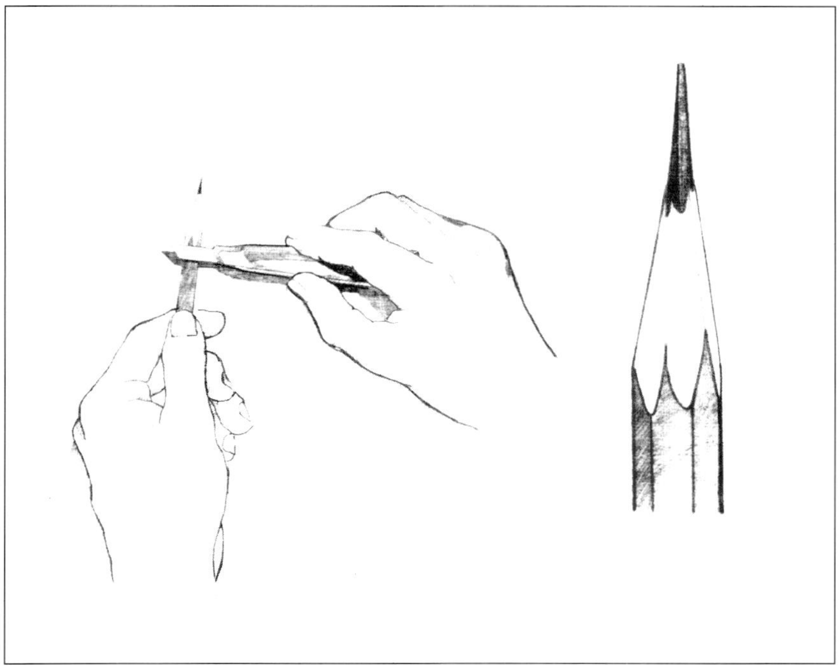

· 칼을 사용하여 끝을 날카롭게 하고 길이를 적당하게 깍는다.

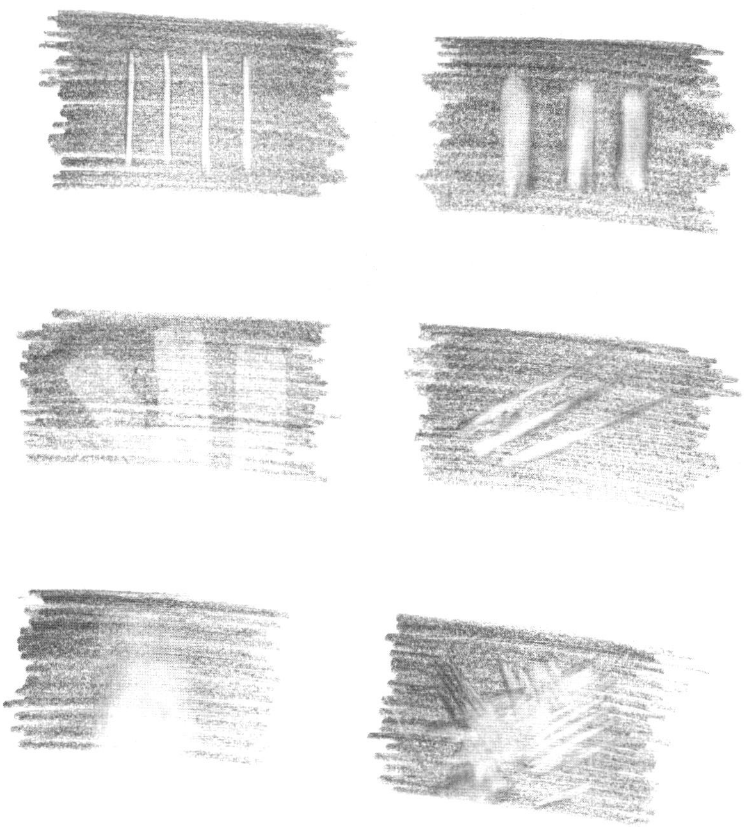

· 지우개에는 딱딱한 지우개와 부드러운 지우개가 있다.
선을 지우는데 사용할뿐만 아니라 섬세한 톤, 하이라이트를 표현할 때 유용하게 사용된다.

2) 양감(입체감)의 표현

그림은 평면에서 입체를 만들기 위한, 즉 평면에서 3차원(입체)적 공간을 나타내는 작업이다.
선이 아닌 면으로 표현하여 실제감을 나타낸다.
밝은 색, 어두운 색, 중간색, 반사광, 역광, 그림자 등의 변화를 알아야 한다.

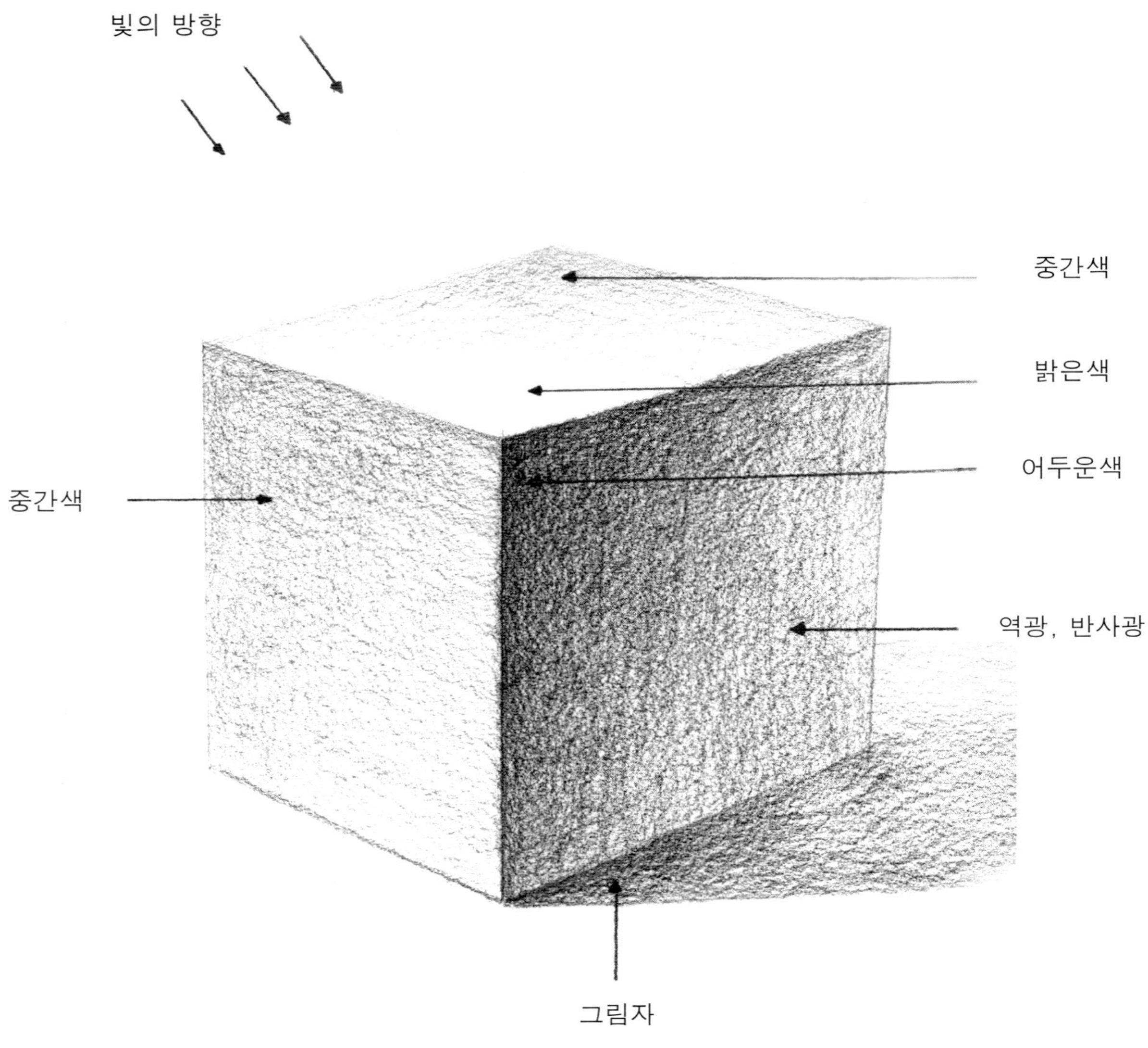

· 빛을 받은 각 면의 도형은 밝은색과 어두운색, 중간색, 반사광, 역광, 그림자등으로 구별된다.
· 어두운 부분과 밝은 부분의 대비가 강하다.
· 그림자 표현은 시작되는 부분이 강하고 어두우며, 멀어질수록 약하고 흐리게 표현한다.

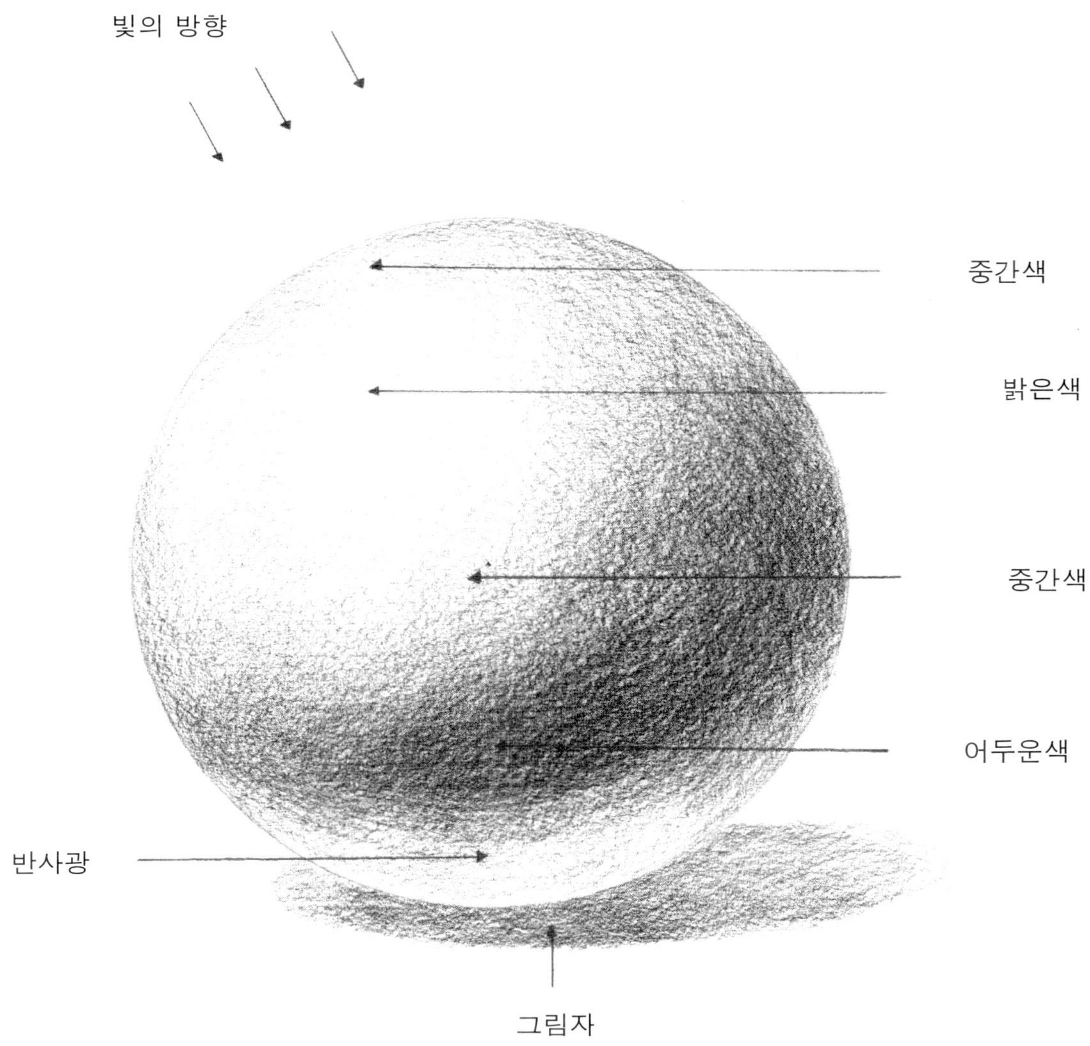

· 빛을 받은 구 형태의 도형은 각면 도형과는 달리 밝은 색과 어두운 색의 대비가 뚜렷하지 않고 중간색이 많이 분포되어 있다.
· 지면에 닿은 반사광의 표현이 중요하다.
· 반사광과 역광은 평면에서의 공간감, 양감이 형성된다.

2. 두개골 및 안면 근육

1) 두개골

두개는 머리의 기본형을 이루고 그 구조를 알 수 있는 표면적인 특징을 제공해 준다.
두개골은 머리의 형태를 좌우한다. 이것은 머리 전체의 비례 관계를 결정할 때 염두에 두어야 할 사항이다.
이마의 경사는 앞이마뼈(전두골)에 따라 결정되며 그 면은 두부의 전면에서 측면으로, 또 두개골의 꼭대기를 향해서 변화한다. 눈구멍(안와공)이라 불리는 두 개의 원추형 구멍이 솟아오른 뼈의 안쪽에 자리잡고 있으며, 코의 일부분은 뼈와 연골 조직으로 구성되어 있기 때문에 비공이 늘어날 수 있게 된다.
코뼈(비골)의 아래 부분에 코의 뼈가 연골과 마주치는 곳에서 코의 모습이 변화되는 경우도 있다.
아래턱뼈(하악골)는 두개부에서 움직일 수 있는 유일한 관절이다. 이 관절은 귀의 앞부분에 둥근 돌기를 가지고 있으며, 아래턱뼈의 상부가 두개골의 움푹패인 부분에 꼭 맞게 되어있다. 정확히 이 관절 뒤에 외이도로 불리는 구멍이 있고 중이 및 내이의 가운데로 통하고 있다. 외이는 바로 이 주변에 있게 된다.
흉쇄 유돌근은 유양돌기라고 불리우는 귀의 뒷부분에 위치한 돌출뼈에서부터 시작된다.

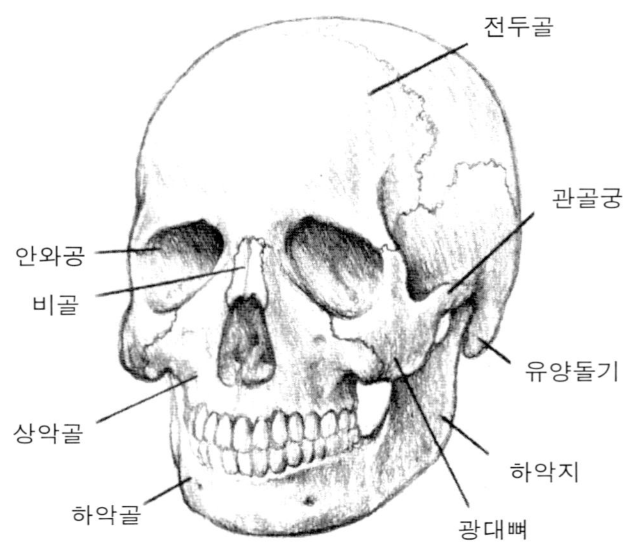

두개골의 정면

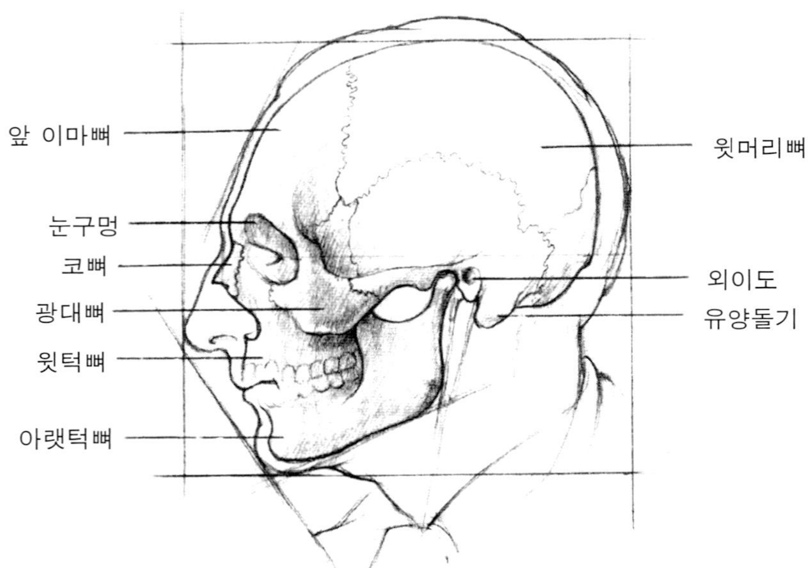

두개골의 측면

2) 안면근육

얼굴에는 눈 주위에 있는 근육(안륜근)과 입 주위에 있는 근육(구륜근) 등 두 개의 중요한 근육이 있다. 이 근육들을 괄약근이라 한다. 안륜근은 눈 구멍의 전면을 차지하고 구륜근은 입술과 뺨 근처에서 시작된다. 전두근은 전두골을 싸고 있고, 추미근은 눈썹 중심선에서 약간 기울어져 있는 옥수수 형태의 작은 근육이다. 교근은 강력한 턱의 근육이며 이근은 두개의 옥수수를 붙여놓은 모양의 근육으로서 아랫입술과 턱의 중간아래쯤에서 턱의 가운데로 나와있다.

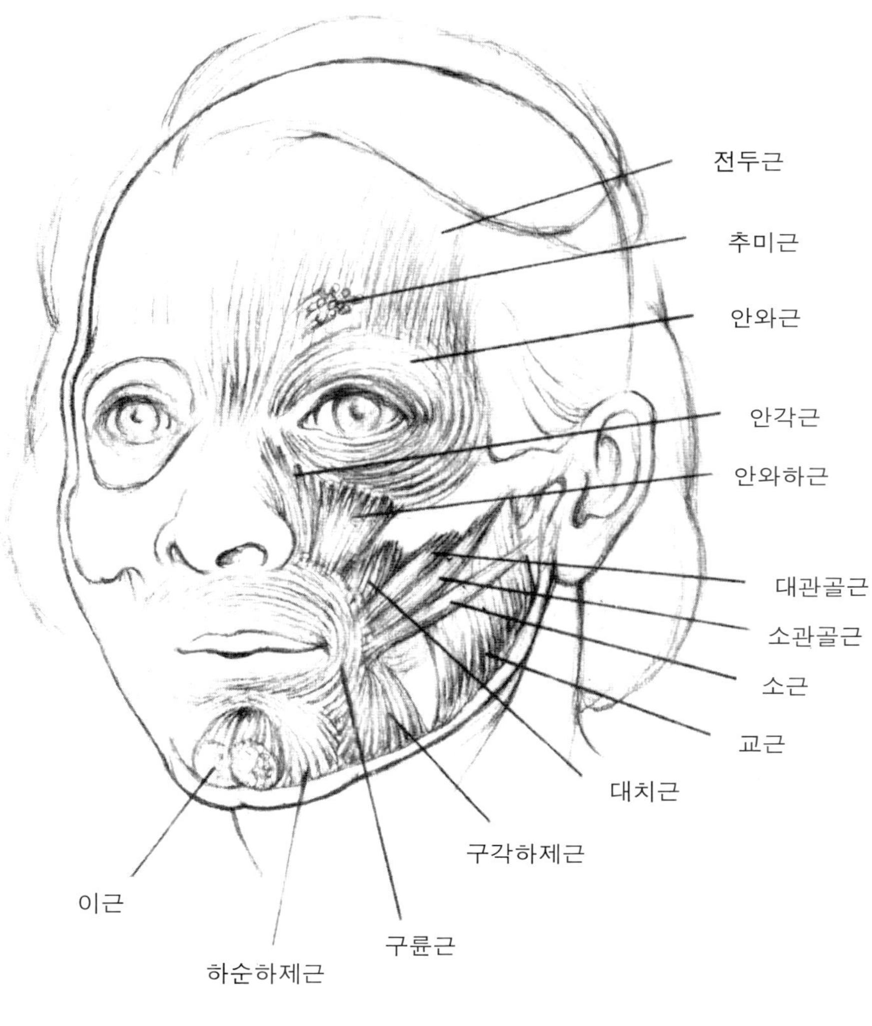

3. 두부의 카논(Canon)법

여기에 실린 두부의 카논법(Canon : 인체의 여러 가지 비율과 치수를 결정해서 상호관련시키는 법칙 또는 체제)은 성인이라면 연령, 성별에 상관없이 해당된다.
그림과 같은 카논법이 모두에게 적용되는 것은 아니며, 예전부터 추구해온 이상적 인간형의 황금분할적 비율이다.
실제 인체는 제각기 다른 형태, 비례, 정신 등을 갖고 있고, 눈이 작거나, 코가 크고 길거나, 턱이 아주 긴 사람 등 여러 형태를 띄고 있다. 그러나, 이 카논법을 필히 숙지하고 실제 얼굴을 그려야 한다.
카논법을 알고 그리는 것과 모르고 그리는 것은 너무나 많은 차이점을 갖고 있기 때문이다.

1) 정면

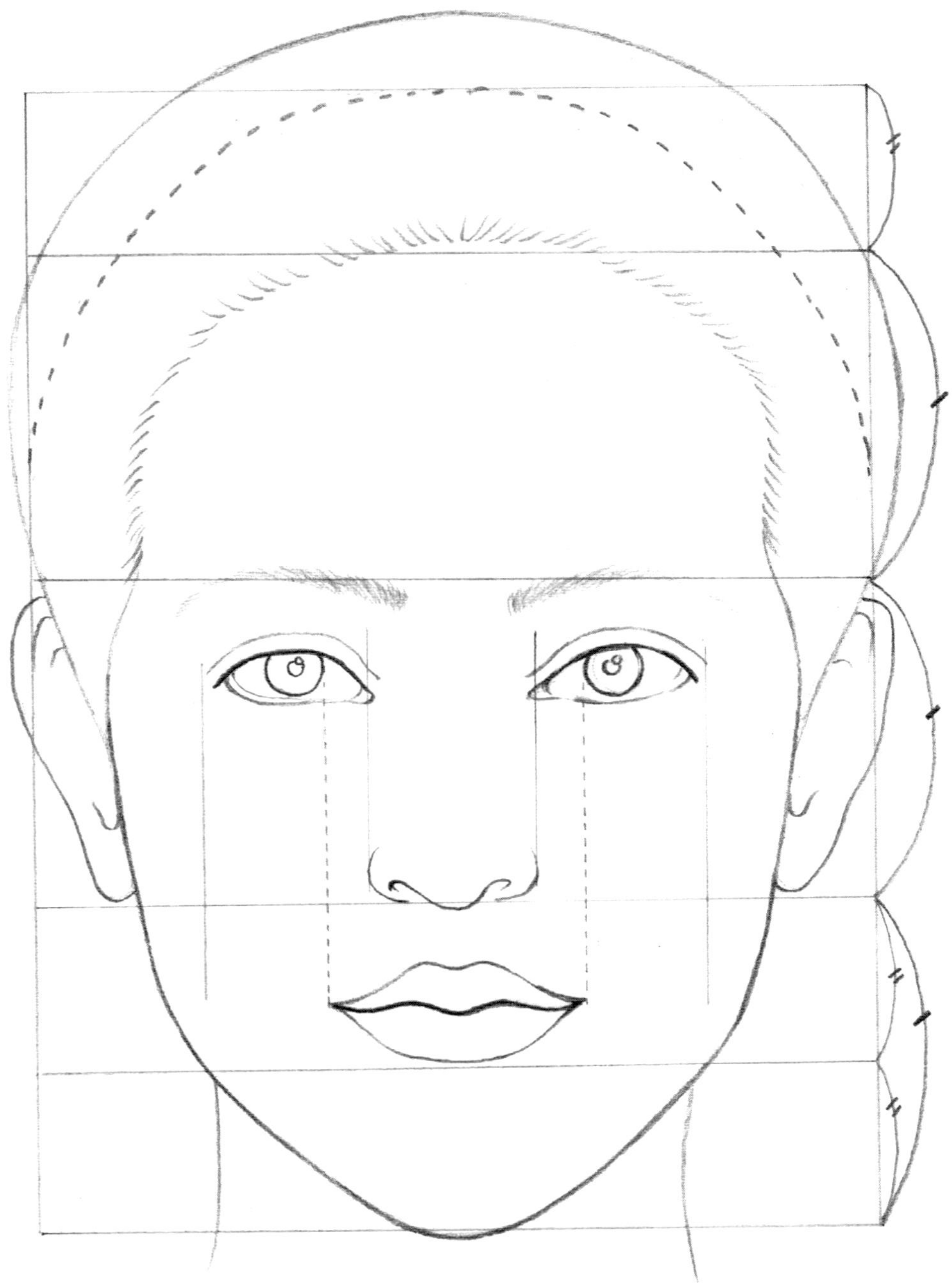

- 이 카논법은 우선 인간의 두부에 세로 길이를 3.5등분 한 것이다.
  정수리 꼭대기 지점과 두발이 시작되는 곳, 귀 위 지점, 코 밑, 아랫입술 및 턱선에서 그림과 같이 등분된다.
  가로 폭은 코밑에서 아랫입술까지의 넓이를 5등분 한 것이다. 코의 넓이가 눈의 넓이와 비슷하고, 입술의 끝지점은 눈동자의 안쪽지점과 연장선에 있다.

2) 측면

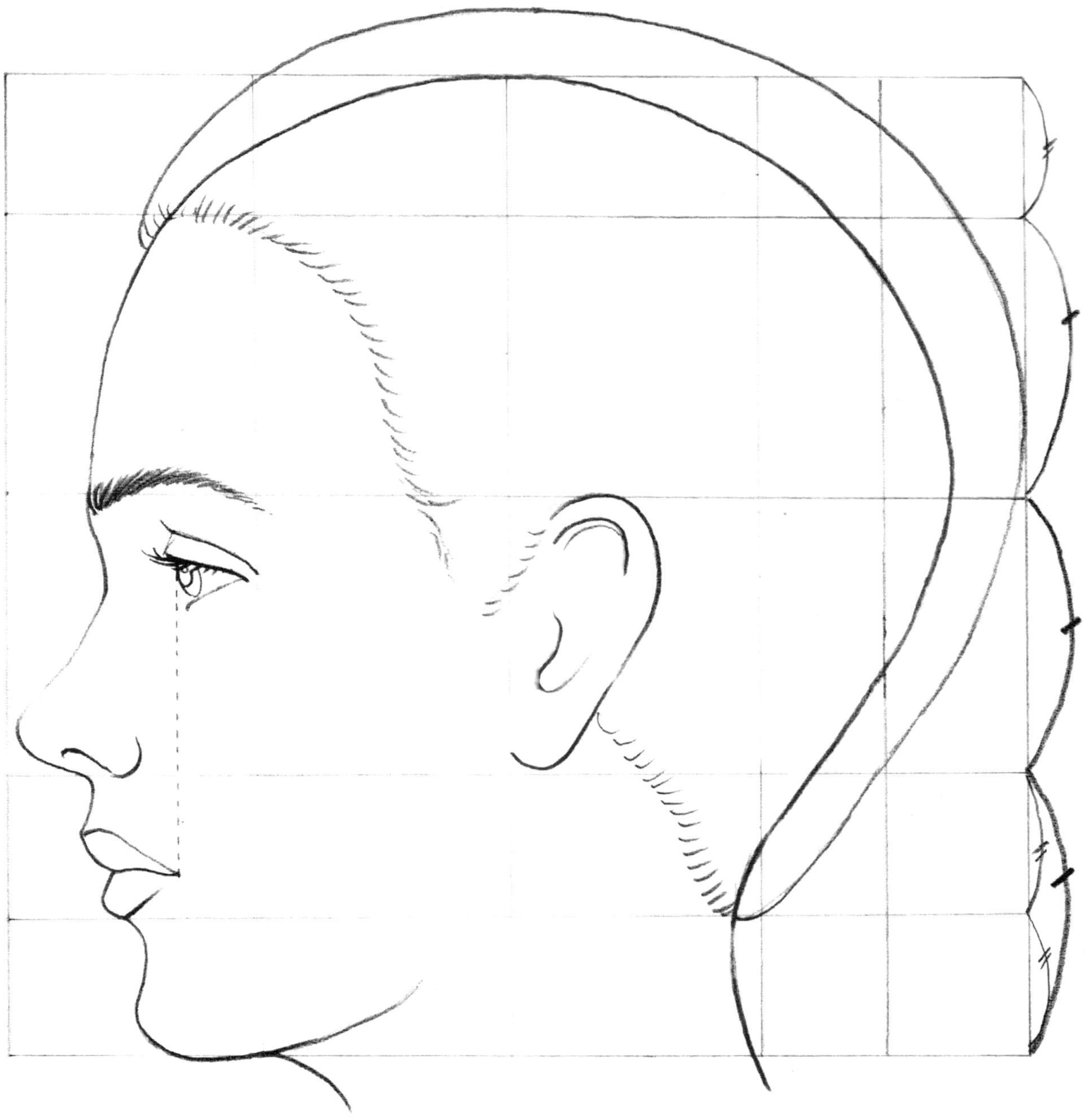

· 측면일때도 세로의 비율은 정면과 동일하게 3.5등분한다.
정수리 꼭대기지점과 두발이 시작되는 곳, 귀 위 지점, 코 밑, 아랫입술 및 턱선에서 정면과 같이 등분된다.

· 가로의 폭은 측면일 때에 두발의 폭까지 세로의 폭과 같은 넓이, 즉 정방형의 형태가 된다.

II 장. 얼굴의 세부묘사

Ⅱ장. 얼굴의 세부묘사

1. 눈 그리는 법

얼굴 중에서도 눈이 가장 중요한 한부분이다. 눈은 마음의 창이라 일컬어질 만큼 내면의 감정까지도 표현되어져야 한다.

1) 여성눈 그리는 법

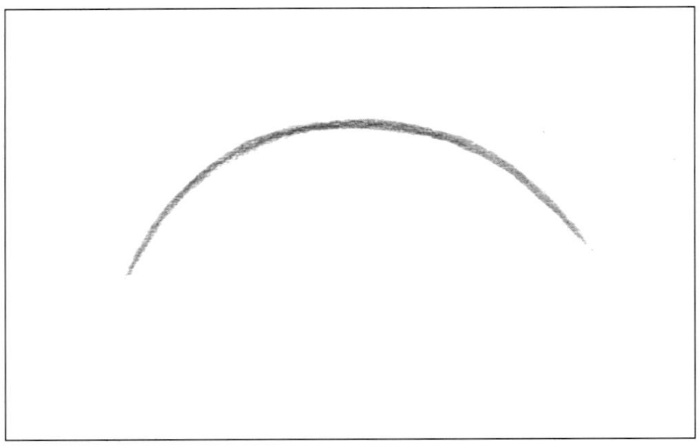

1. 윗눈꺼풀을 그린다. 가볍게 원을 그리듯 한다.

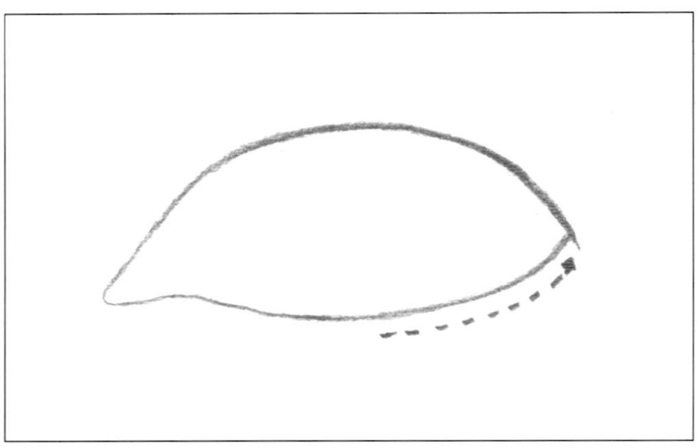

2. 아랫눈꺼풀을 그린다. 커브에 주의하자.

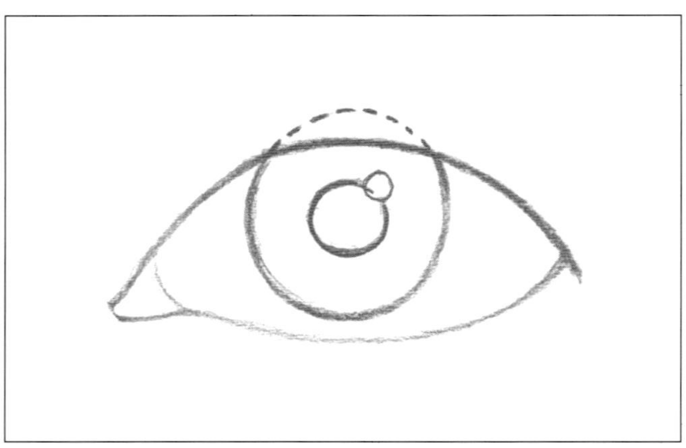

3. 동공을 그려 넣고 하이라이트를 남겨놓는다. 1/5이 숨어있는 것 같은 모양으로 그린다. 정면을 보는 눈은 공막(흰자위)의 넓이가 동자보다 넓지 않다.

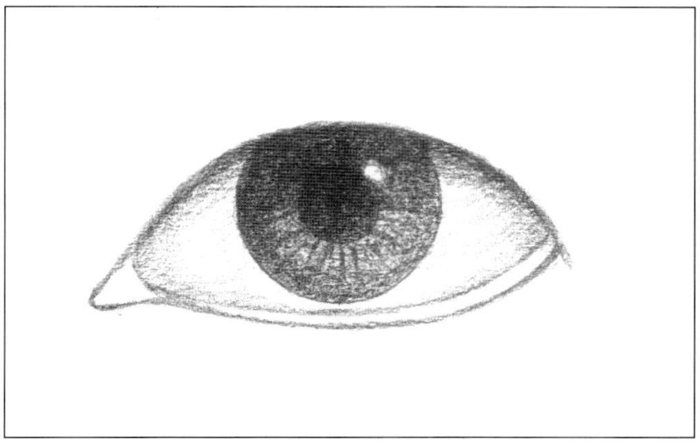

4. 동공과 망막을 그려 넣고 공막을 약하게 그린다.

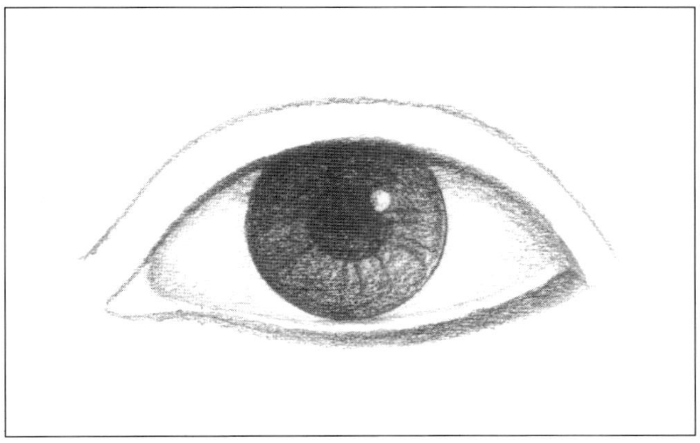

5. 쌍꺼풀을 그린다음 눈꺼풀아래 여백을 두고 섀도우를 부드럽게 칠한다.

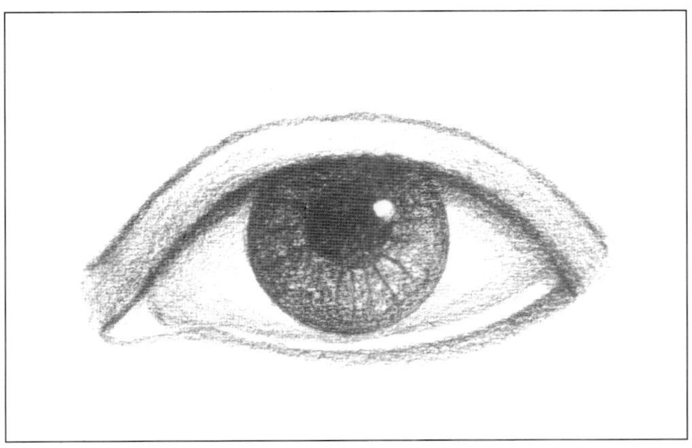

6. 쌍꺼풀에도 두께가 느껴지도록 그리고 양쪽끝이 가장자리보다 어둡게 그린다.

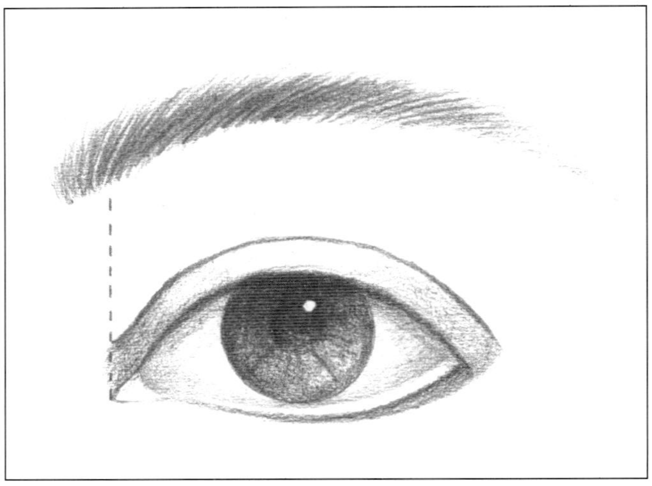

7. 눈썹이 자란 방향으로 짧은선을 반복해서 그린다.

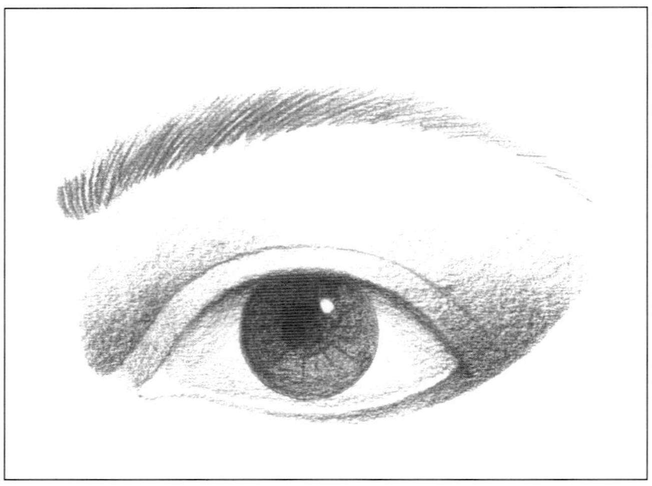

8. 상안검(눈두덩이)에 섀도우를 넣는다. 섀도우를 넣을 때는 눈머리와 눈꼬리 부분을 진하게 넣고 높은 곳을 향해 점점 밝게 그라데이션한다.

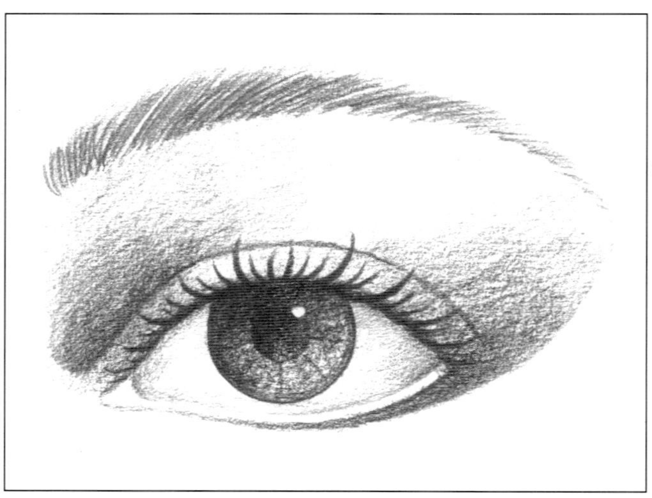

9. 윗눈꺼풀의 속눈썹을 방사상 방향으로 길게 그리고 많이 보이는 곳을 강하고 진하게 그린다.

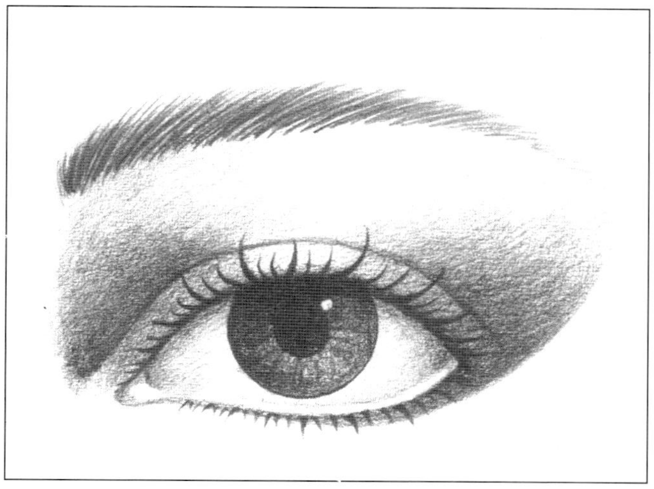

10. 아랫부분 속눈썹을 그린다. 윗눈꺼풀의 속 눈썹보다 짧고 다소 왜소하게 그린다. 조화롭게 동공의 명도, 하이라이트, 쌍꺼풀, 눈썹, 섀도우 등을 점검하면서 완성한다.

2) 남성눈의 표현

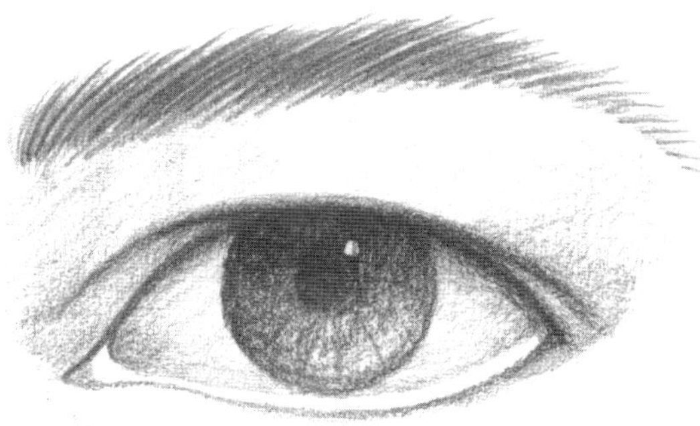

- 남성의 눈은 남자답게 그리는 것이 중요하다.
- 그리는 방법은 여성의 눈 그리는 방법과 동일하다.
- 정면일 경우 여성과 같은 속눈썹을 그리지 않는다.
- 눈썹을 굵고 진하게 하여 남성답게 표현한다.

3) 속눈썹 그리는법

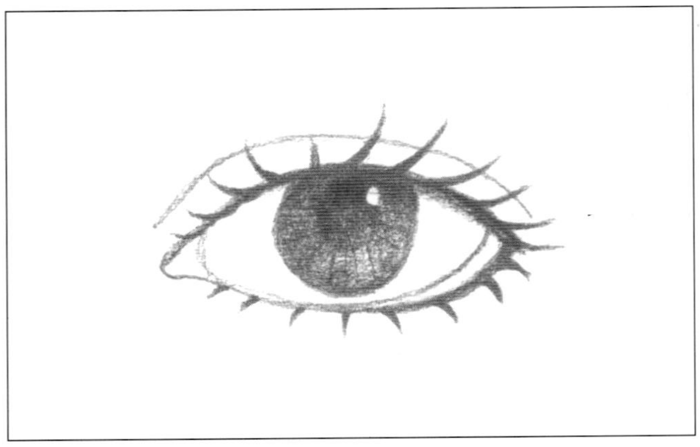

1. 속눈썹은 아웃라인에 따라 방사상으로 그린다.
   눈동자를 중심으로 길고 굵은 속눈썹을 먼저 그린다.
   눈안쪽을 굵고 진하게 그리고 끝을 날카롭고
   약하게 그린다.

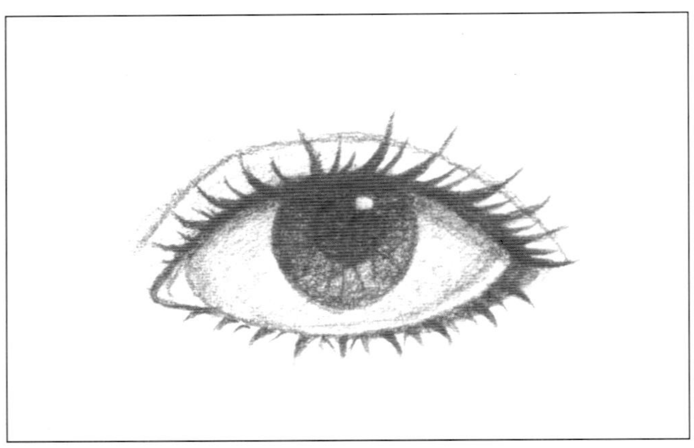

2. 길고 굵은 속눈썹 사이에 짧은 속눈썹을 그린다.

4) 남 · 녀 속눈썹의 표현

1. 남자의 속눈썹

남자의 속눈썹은 여자의 속눈썹보다 길이가 짧고 기울기가 아래로 향하고 있다. 특히 아랫눈썹을 강하게 그리지 않도록 한다.

· 눈썹을 굵게 그리면 남자답게 된다.

2. 여자의 속눈썹

여자의 속눈썹도 메이크업을 하지 않을 경우 기울기가 위로 향하지 않는다. 그러나 메이크업을 한 상태로 생각하고 끝을 위로 향하게 한다.
아랫눈썹을 남자보다 진하게 그린다.

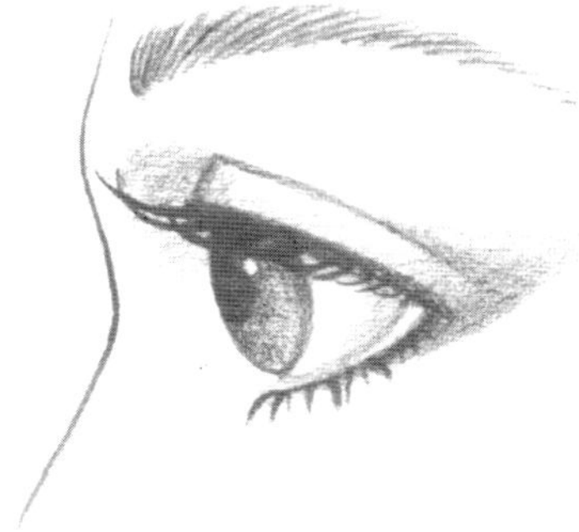

5) 눈동자의 표현

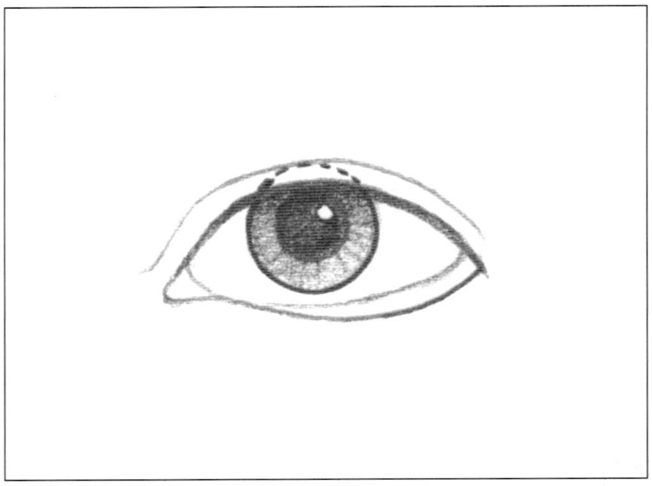

· 정상적인 눈

정상적으로 보이는 눈동자는 윗눈꺼풀에 1/5정도가 숨겨진 것 같이 보인다.

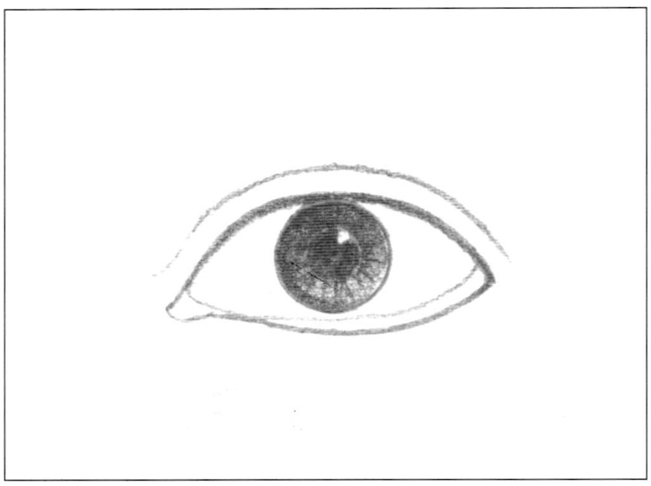

· 놀란 눈동자

눈동자가 모두 다 보이면 놀란 눈 모양이 된다.

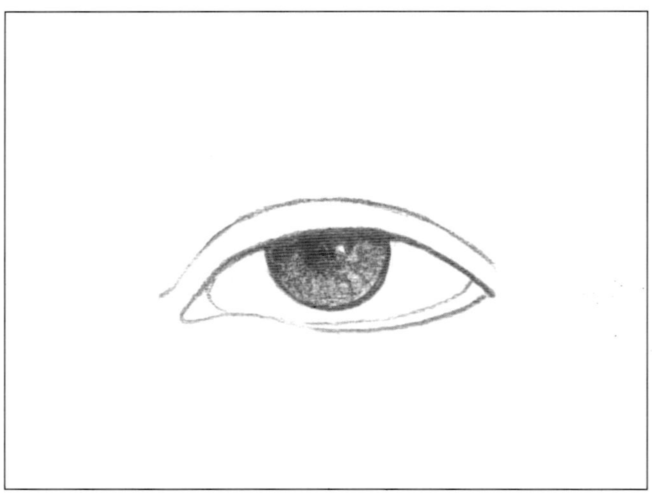

· 졸린 형의 눈동자

눈동자가 1/2정도 보이면 졸린 듯한 모양이 된다.

6) 눈썹 그리는 법

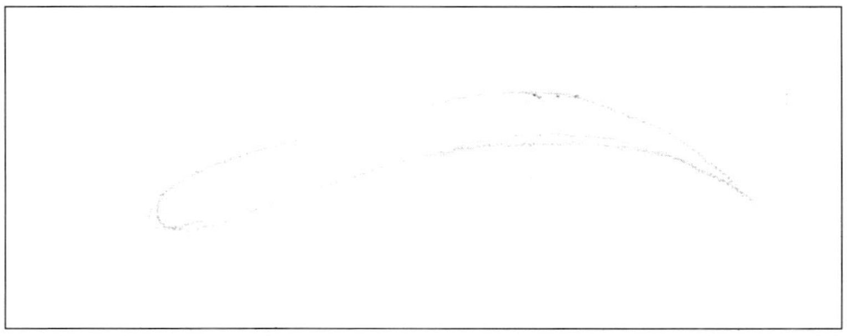

1. 눈썹의 형태를 그린다.

2. 넓은 간격으로 짧은선을 눈썹이 자란 방향으로 그린다.

3. 사이사이에 반복해서 선을 중첩시킨다.

4. 반복해서 선을 중첩시킨다

5. 눈썹이 자란 방향, 형태 등을 고려하여 자연스럽게 완성한다.

〔그림1〕

〔그림2〕

※ 연필을 (그림1)식보다 (그림2)식으로 명암을 처리한다.

7) 섀도우의 표현

1. 섀도우를 넣을 때에는 눈머리와 눈꼬리 부분을 진하게 넣고, 위로 향하면서 밝게 그라데이션 한다.

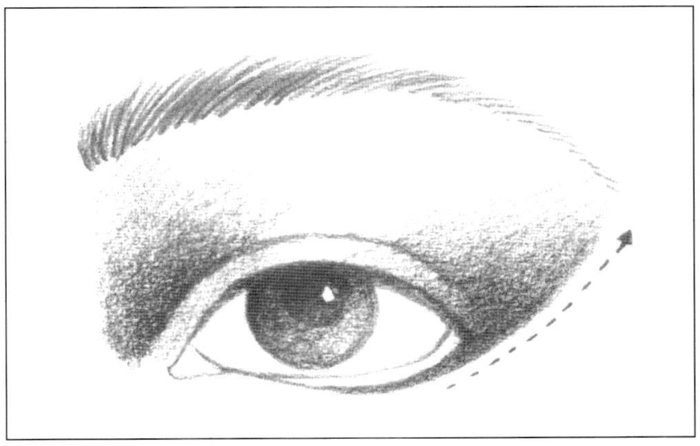

2. 눈꼬리의 섀도우는 아랫눈꺼풀 연장선에서 자연스럽게 퍼뜨려간다.

다양한 눈의 형태

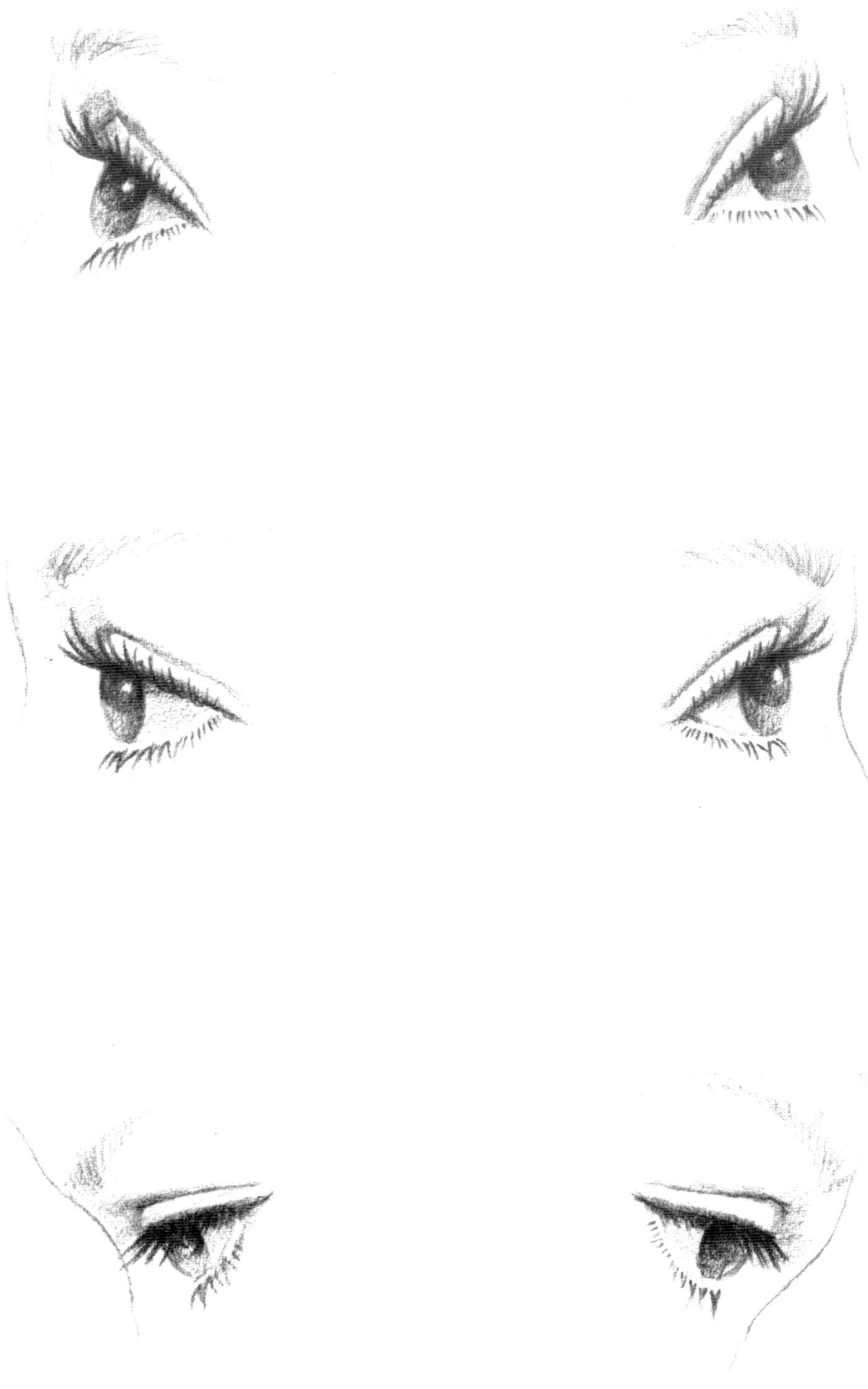

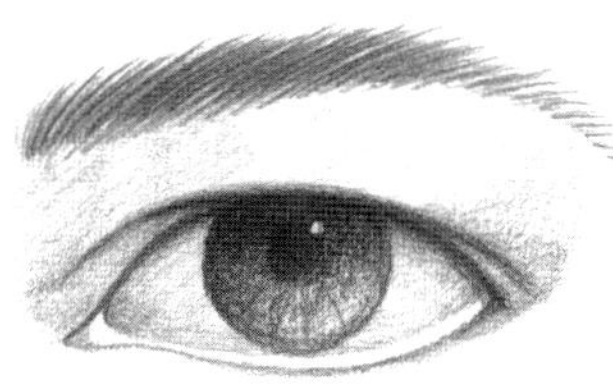

2. 코 그리는 법

1) 코 그리는 법

코는 얼굴의 중심이다. 코를 축으로 얼굴의 기울기나 형태가 결정된다.

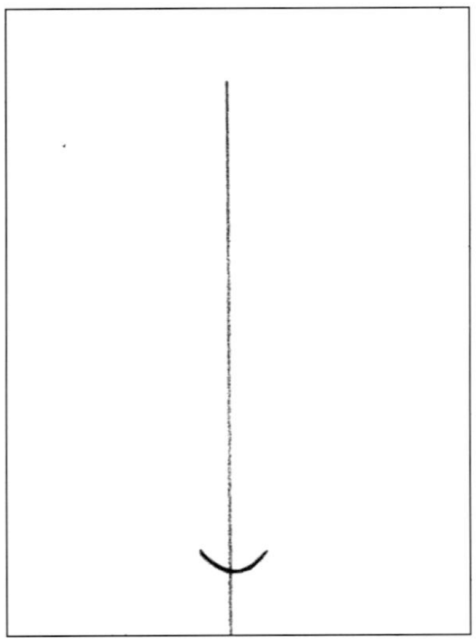

1. 중심선에서 끝을 둥글게 한다.

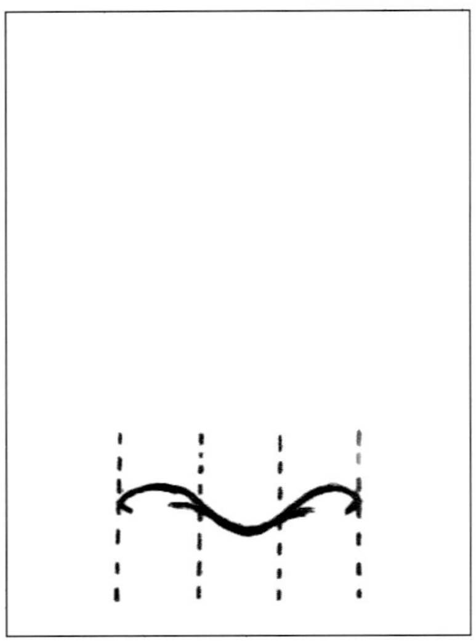

2. 비공을 그린다. 코끝과 비공의 비율을
   1 : 1 : 1로 한다.

3. 양쪽 코끝을 둥글게 한다.

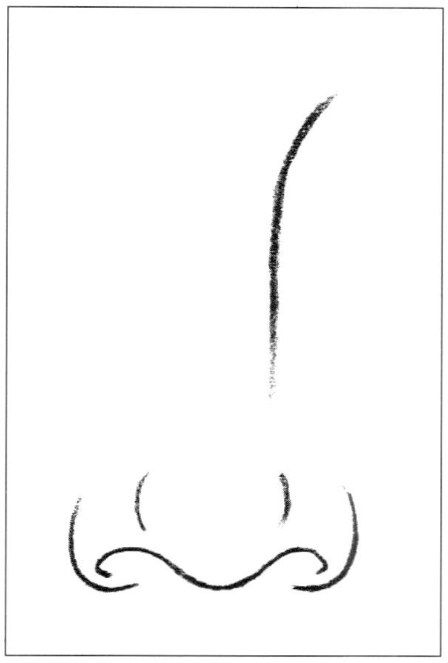

4. 콧날을 바로하고 콧방울을 좌우 대칭으로 그린다.

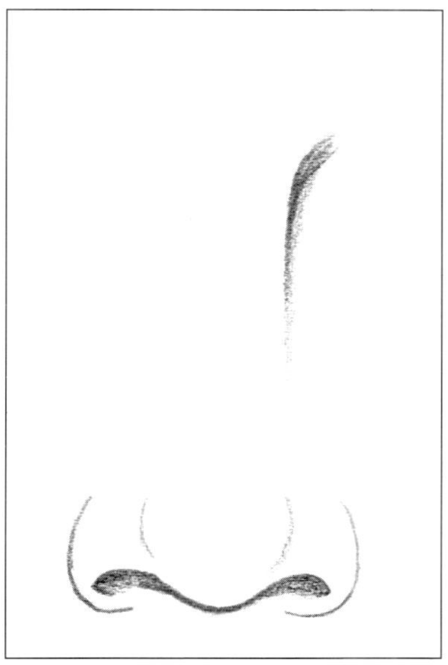

5. 코에서 가장 어두운 부분, 비공을 그린다. 눈동자나 머리카락처럼 어둡고 강하게 표현하지 않는다.

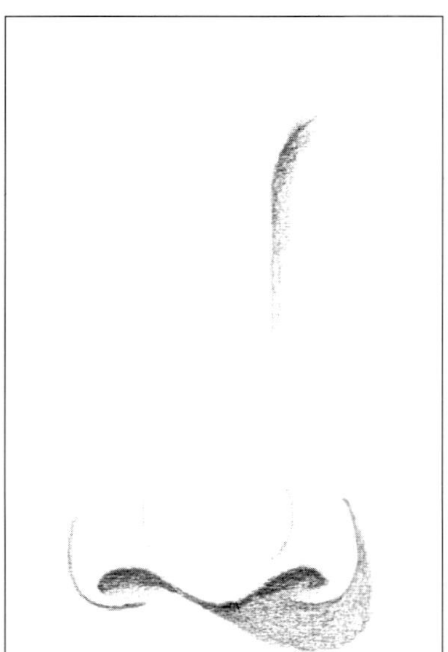

6. 코밑의 그림자를 그린다.

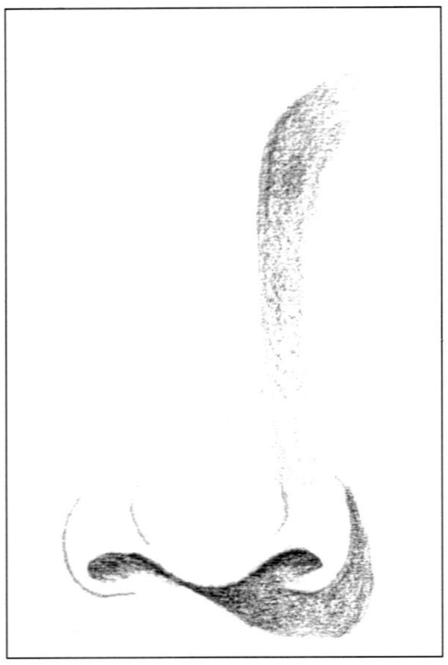

7. 콧날을 바로 하고 명암을 넣는다.

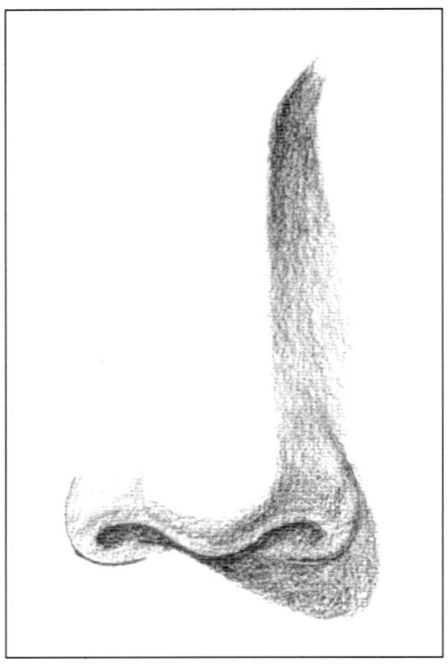

8. 그림자에 접한 부분을 조금 밝게 표현하면서 콧방울을 그린다.

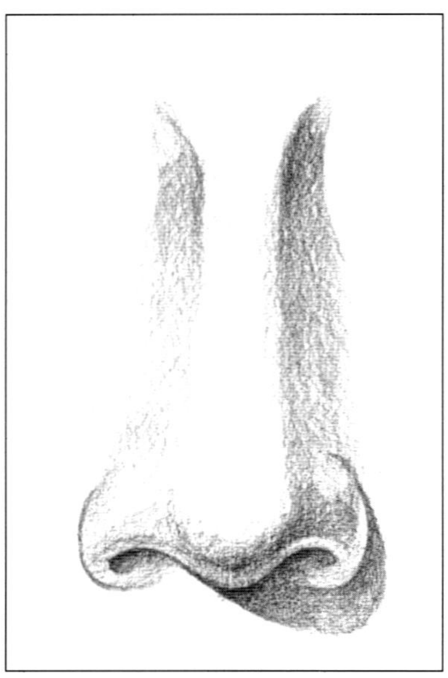

9. 좌측 콧날과 콧방울을 그린다.

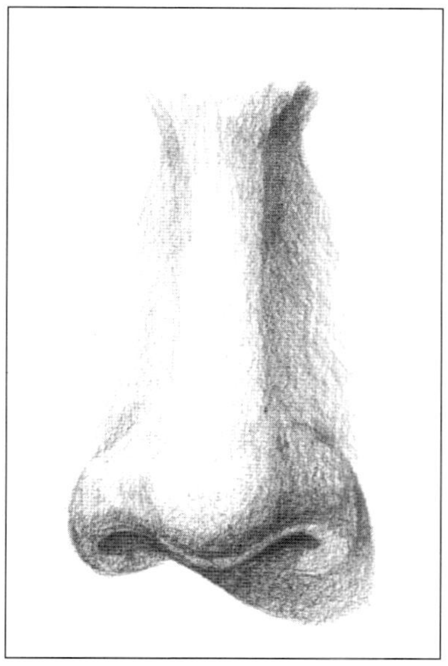

10.전체적으로 조화롭게 완성한다.

2) 단순한 코의 표현

보통 일러스트레이션의 경우에는 많은 명암을 넣지 않고 단순, 약화된 형태로 표현한다.

다양한 코의 형태

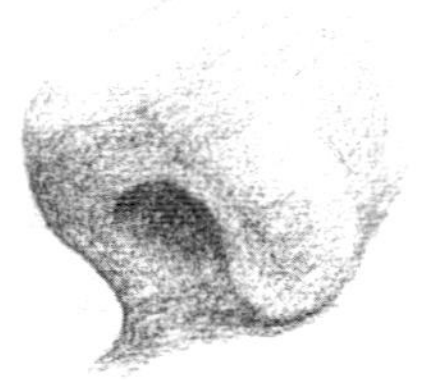

좌측면 상향

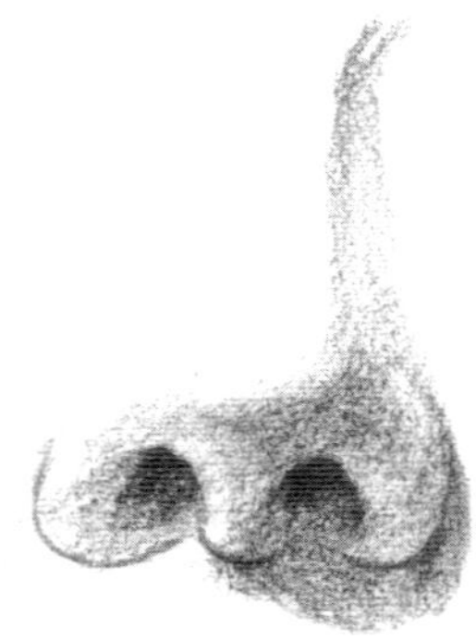

정면 상향

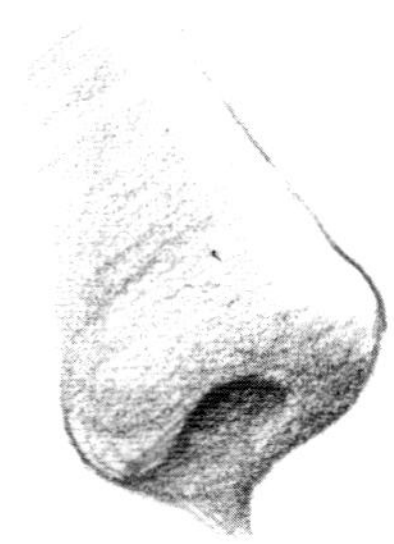

우측면 상향

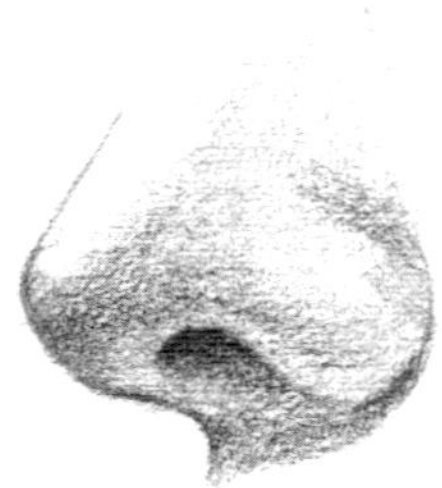

좌측면

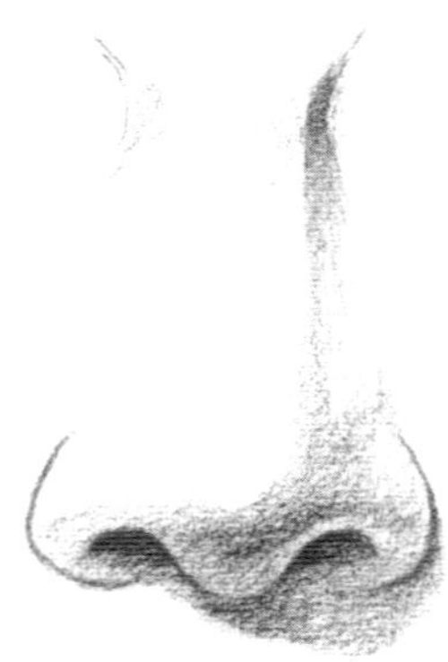

정면

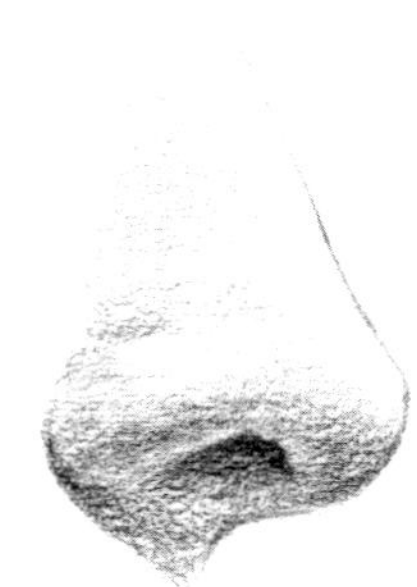

우측면

좌측면 하향

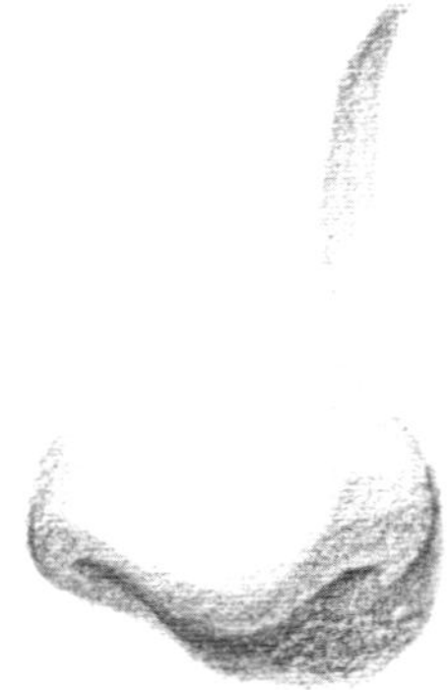

정면 하향

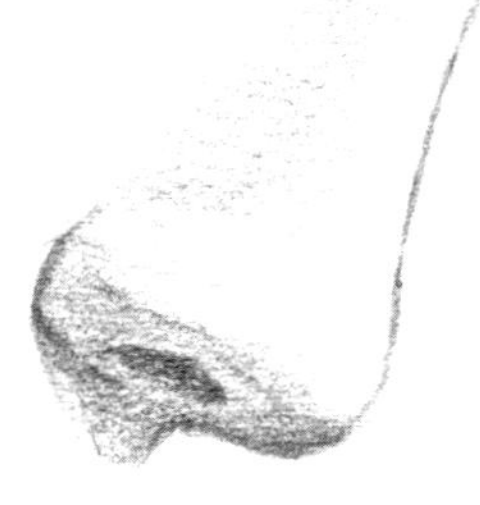

우측면 하향

3. 입술 그리는 법

입술도 눈과 같이 표정이 있다.

1) 입술 그리는 법

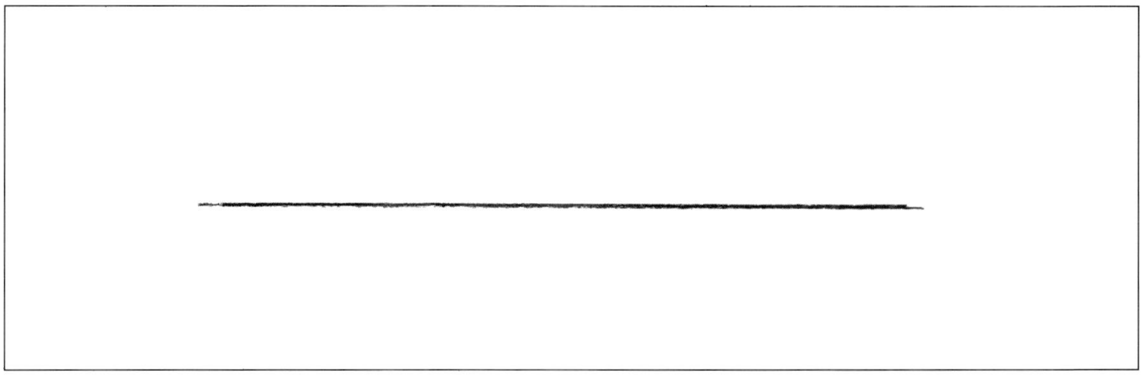

1. 중심선을 그린다.

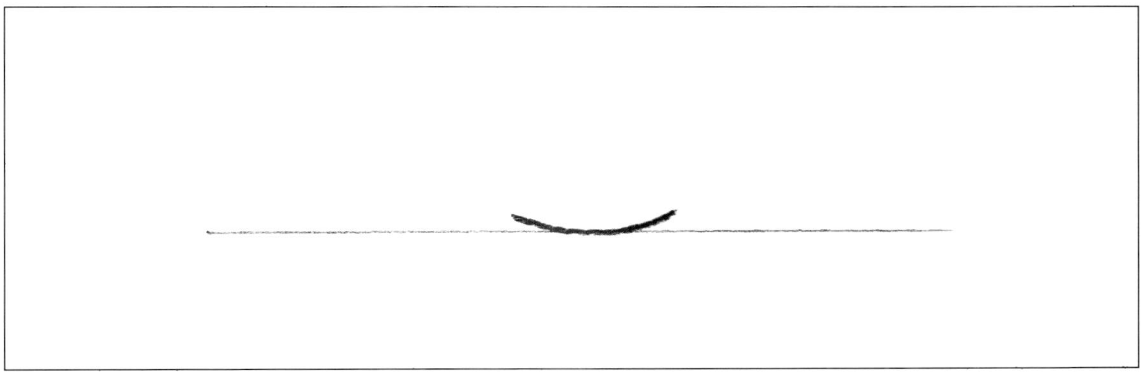

2. 입술 중심라인을 그린다.

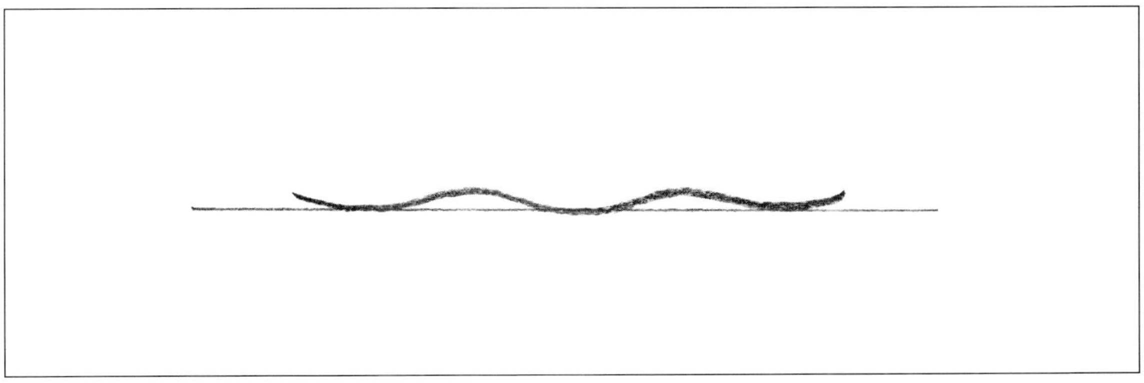

3. 좌우 대칭이 되도록 라인을 그린다.

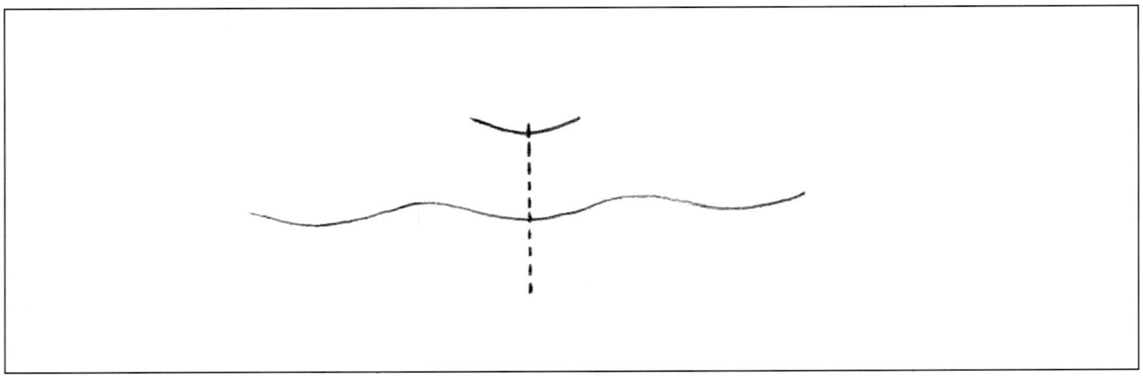

4. 입술가운데 중심과 윗입술의 중심을 맞추어 그린다.

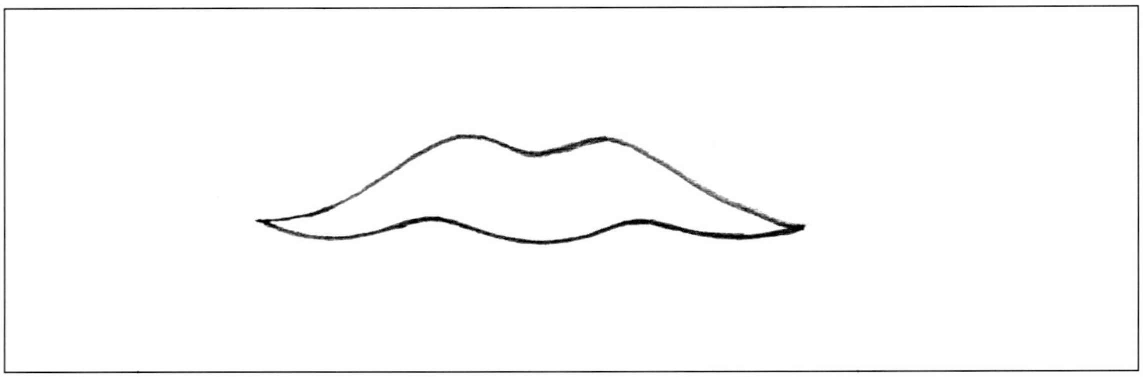

5. 윗입술을 그린다.

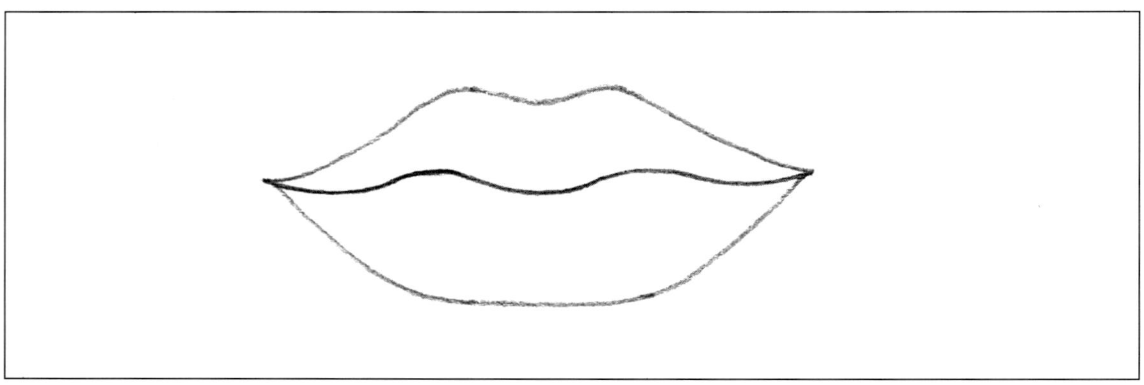

6. 아랫입술을 그린다. 윗입술보다 두께가 1 : 1.2 정도의 비율로 두꺼워지도록 한다.

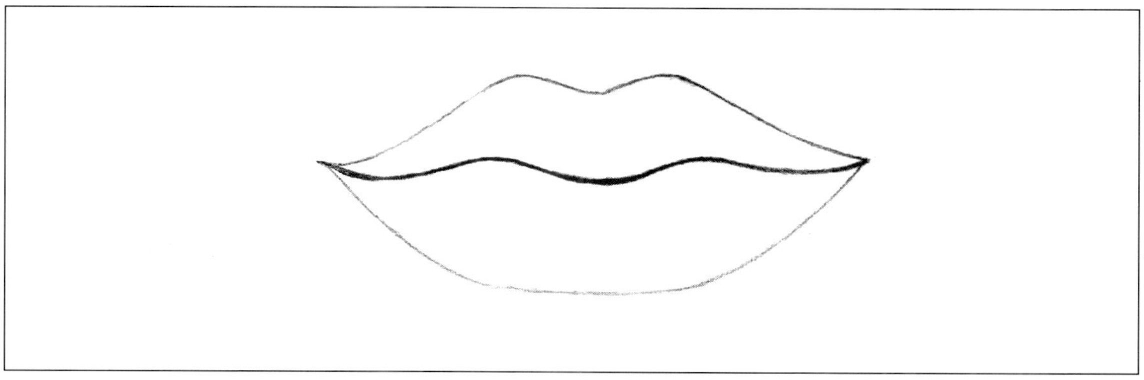

7. 윗입술과 아랫입술이 만나는 부분을 가장 어둡게 그린다.

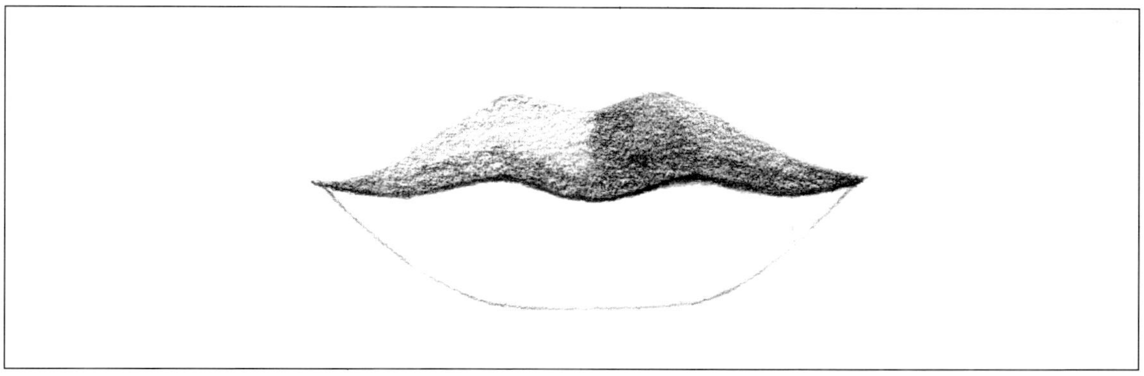

8. 윗입술 전체의 명암을 넣는다. 윗입술을 아랫입술보다 어둡게 표현한다.

9. 아랫입술에 명암을 넣는다.

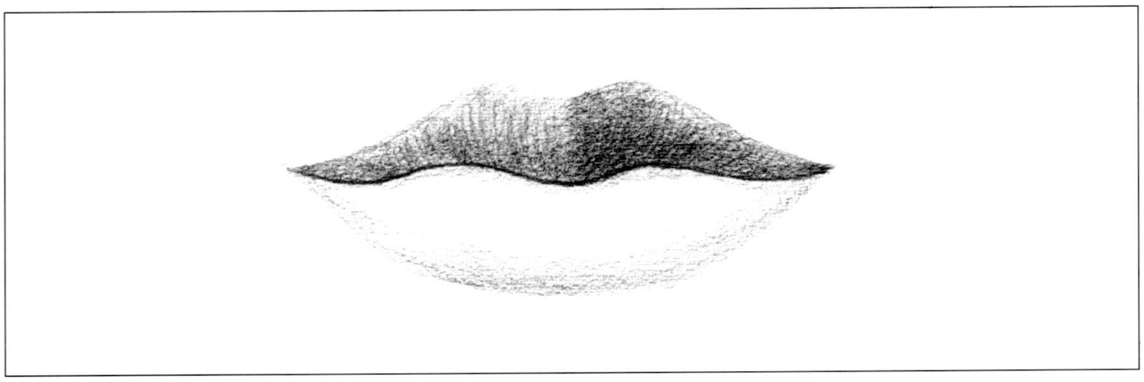

10.윗입술의 구열을 그린다.

11.아랫입술의 구열을 그린다.

12.아랫입술의 하이라이트를 표현하고 전체적으로 조화롭게 완성한다.

※ 입술의 기본형

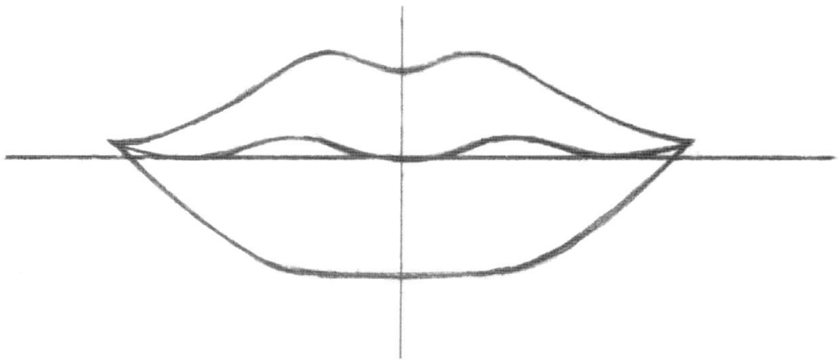

2) 입술의 2/3 측면

입술정면 그리는 순서와 동일하다.

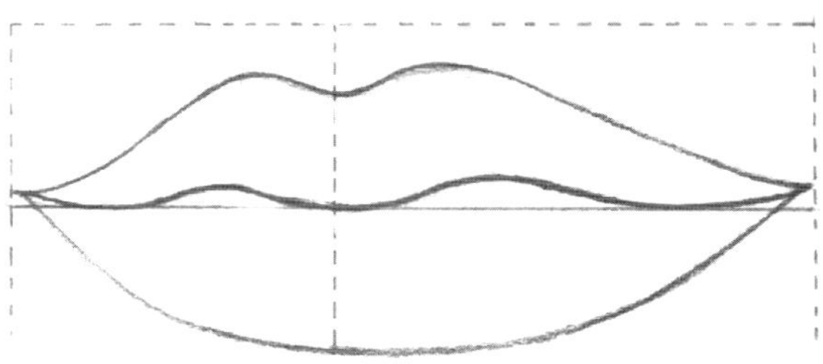

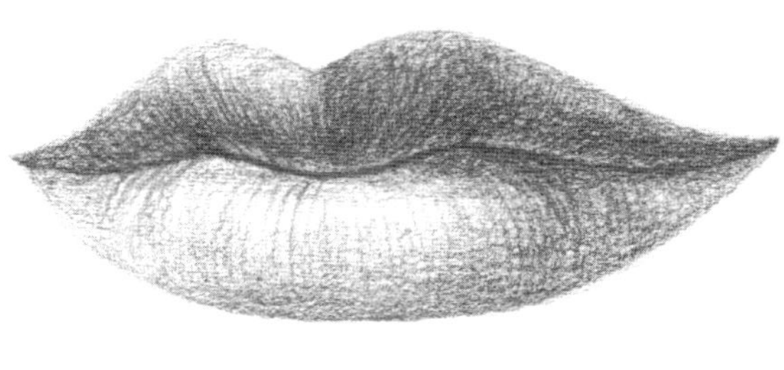

3) 벌린입의 표현

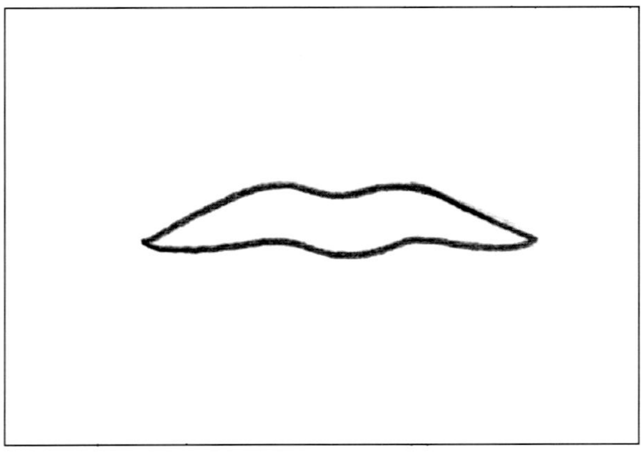

1. 중심선과 윗입술을 그린다.

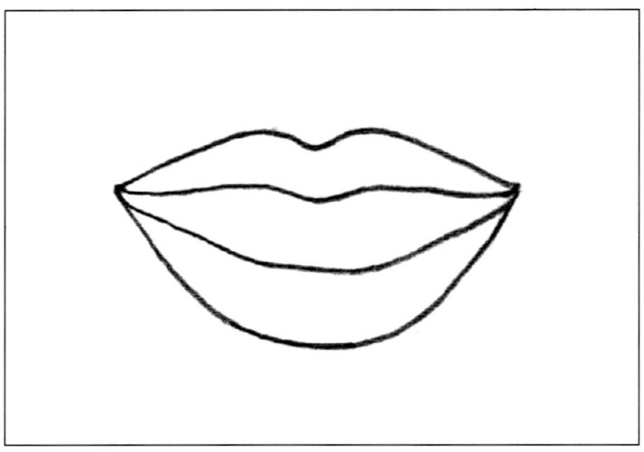

2. 윗입술과 넓이를 비교하여 아랫입술을 그린다.

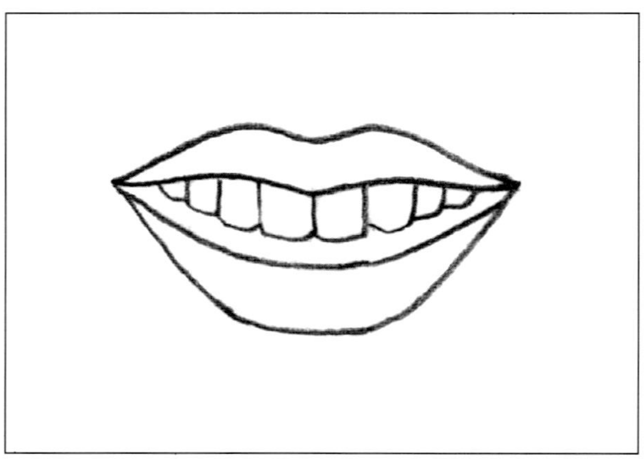

3. 치아를 그린다.

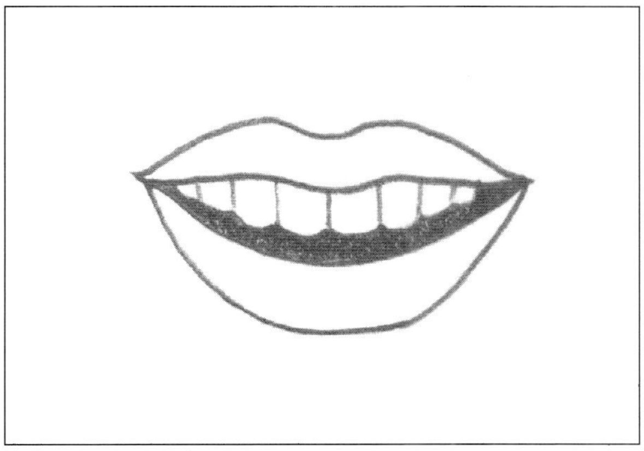

4. 입안쪽 어두운 부분을 강하게 그린다.

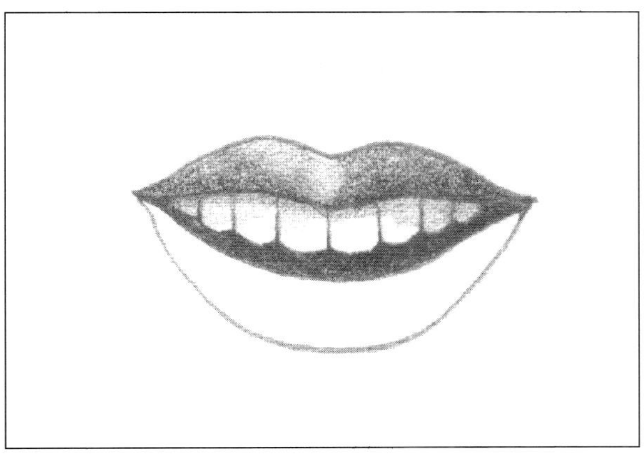

5. 윗입술을 그린 후 약하게 치아를 그린다. (치아가 밝은 색임을 유의하자.)

6. 아랫입술을 그린 후 구열을 넣어 완성한다.

4) 입술의 질감(주름) 표현

1. 세로방향으로 주름을 약하게 넣는다.

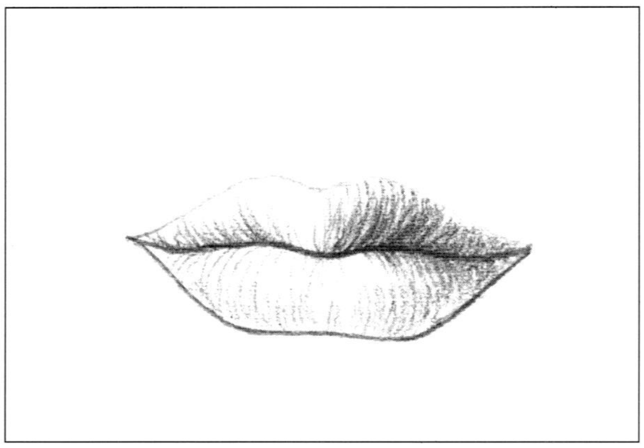

2. 어두운 부분을 여러번 반복해서 선을 넣으면 자연스러운 질감이 형성된다.

3. 전체적으로 균형이 맞게 완성한다.

5) 입술의 양감(입체감) 표현

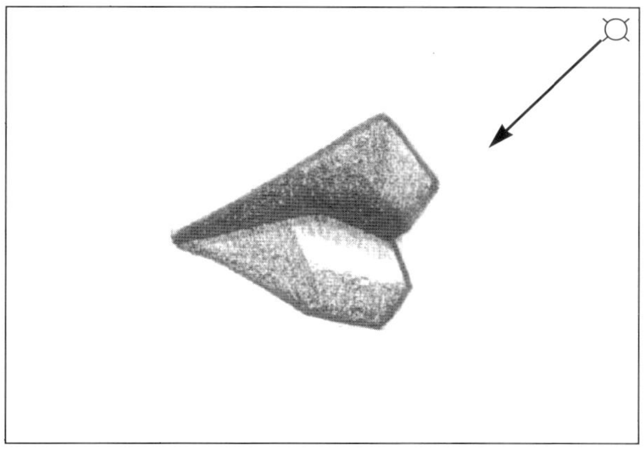

1. 빛의 방향을 이해한다. 일반적인 빛의 방향에서는 윗입술은 어둡게, 아랫입술이 밝게 보인다.

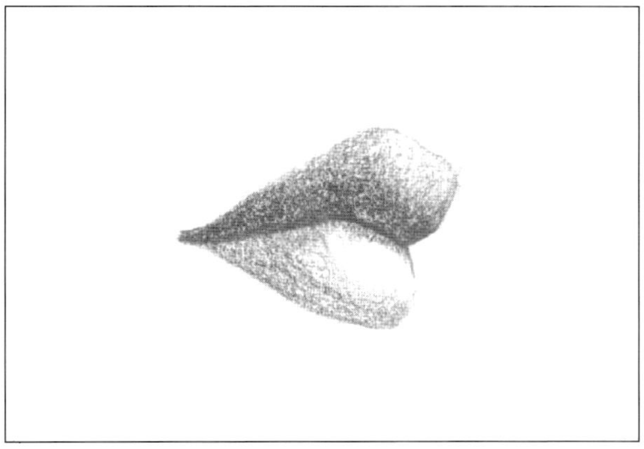

2. 입술의 명도는 피부색보다 진하다. 전체적으로 붉은 빛을 띄고 있다. 그러나 색에 관계없이 아랫입술은 밝은 명도로 처리한다.

3. 구열을 그린 다음 빛을 받은 가장 가까운 아랫입술 부분에 하이라이트를 남긴다.

다양한 입술의 형태

2/3 좌측면 상향

정면 상향

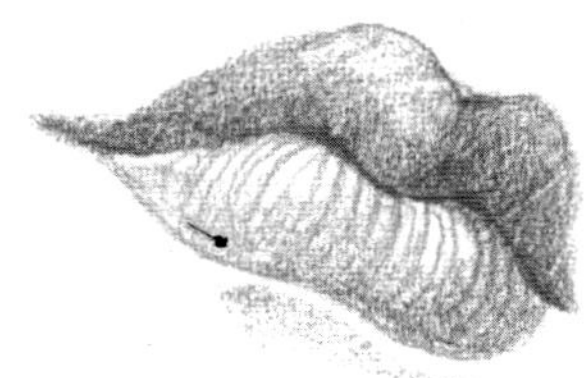

2/3 우측면 상향

2/3 좌측면

정면

2/3 우측면

2/3 좌측면 하향

정면 하향

2/3 우측면 하향

좌측면 상향

우측면 상향

좌측면

우측면

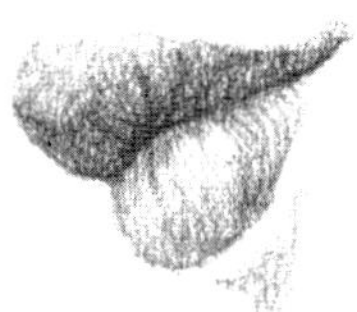

좌측면 하향

우측면 하향

4. 귀 그리는 법

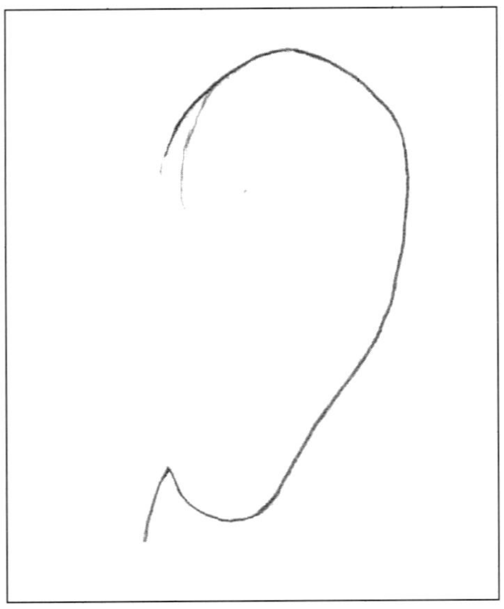

1. 귀의 외형 (이륜)을 그린다.

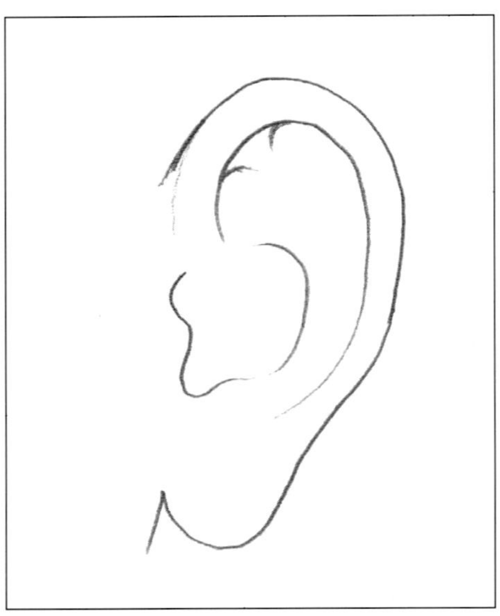

2. 이륜외형을 따라 안쪽을 그린다.

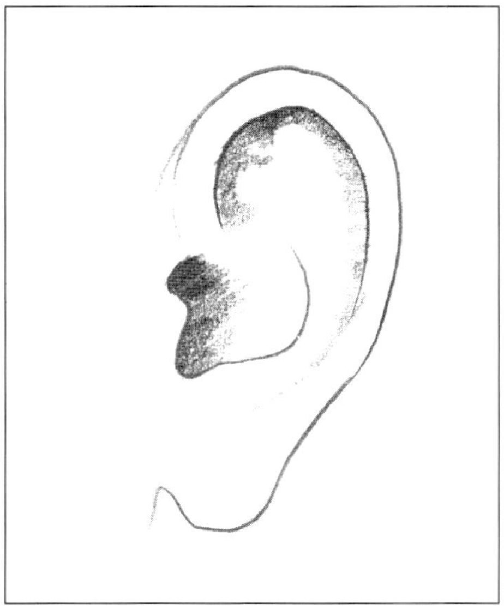

3. 정확한 형태를 그린 후 어두운 부분
(들어간부분)을 그린다.

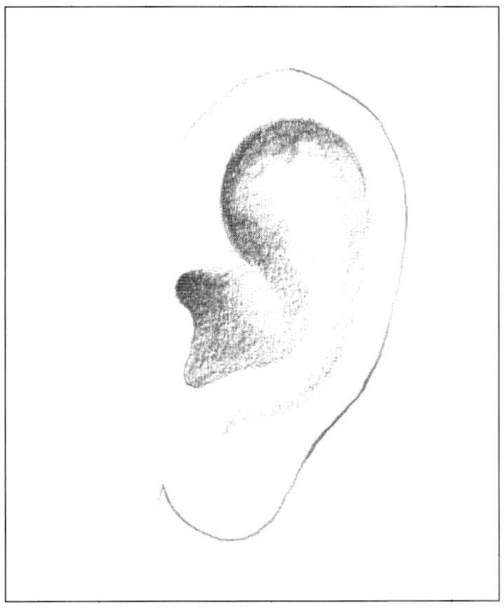

4. 어두운 부분을 따라 가볍게 중간색을 그린다.

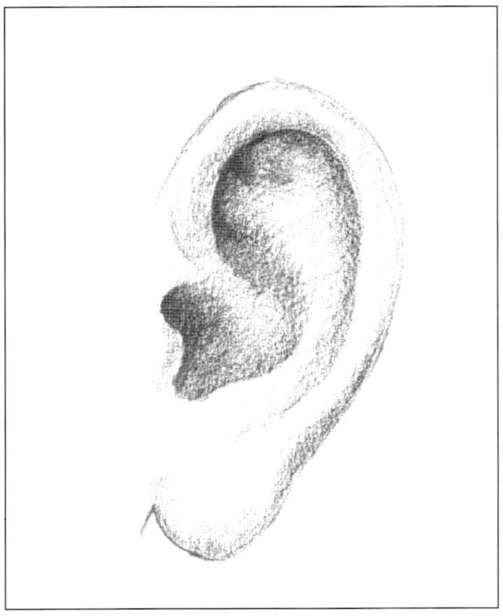

5. 전체의 대비를 생각하며 조화롭게 완성한다.

5. 머리카락 그리는 법

1). 표현기법 I

· 지면에서 손을 띄우고 손목을 사용하여 그린다.
· 짧은 선을 중복해서 사용하고 점차적으로 긴선을 사용한다.
· 시작하는 지점과 끝나는 지점과의 중간을 자연스럽게 연결시킨다.

2). 표현기법 Ⅱ

· 중간에 짧은 선을 중복시킨 후 양쪽으로 점차 선을 중복 시켜나간다.
· 연필을 날카롭게 만들어서 사용한다.

※ 두가지 기법만 숙지하고 표현할 수 있으면 어떤 머리카락도 그릴 수 있다.

6. 머리카락의 여러 형태

1) 머리카락 양감(입체감)의 표현

머리카락에 있어 볼륨감과 입체감을 표현하기 위해서는 밝고 어두운 부분의 명암처리가 중요하다.

2) 땋은 머리카락

머리카락모양을 정확하게 표현한 후 흐름을 따라 자연스럽게 그린다.

3) 나선형 컬의 연속 기법

머리카락의 표현기법을 응용하여 꺽여지는 부분을 어둡고 강하게 표현한다.

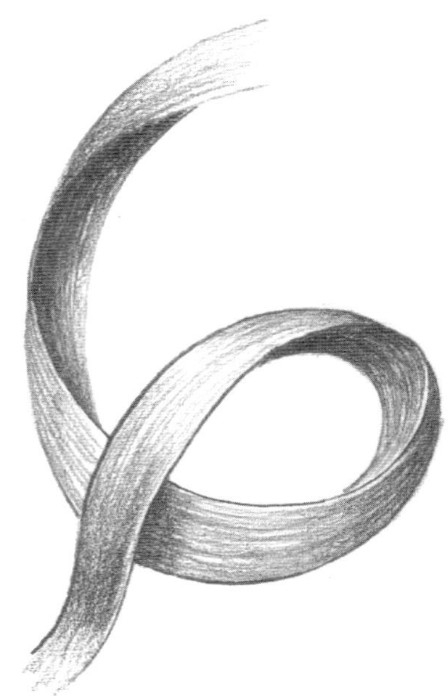

7. 얼굴 그리는 법

눈, 코, 입 등의 부분 연습을 해 왔지만 막상 얼굴을 그릴려고 하면 어떻게 그려야 할지 망설이게 된다.
얼굴그리는 방법들이 여러 기법에서 아주 세밀하게, 많은 비중을 두고 다루어 지고있는 것을보면 아주 중요한 분야임에 틀림없다. 그러나, 그림을 그릴때 치수를 헤아리면서까지 그려야 한다는 것은 정말로 머리가 아프고 가슴이 답답할 것이다.
여기에서 다루어지고 있는 얼굴 그리는 법은 그 중 가장 쉬운 방법을 택한 것이며. 제1장 두부의 카논법을 숙지 했다면 얼굴의 비례를 파악하는데 많은 어려움은 없을 것이다.
얼굴을 그릴 경우 먼저 얼굴의 방향, 위치 등을 정확하게 관찰하고 그려야 한다.

1) 정면

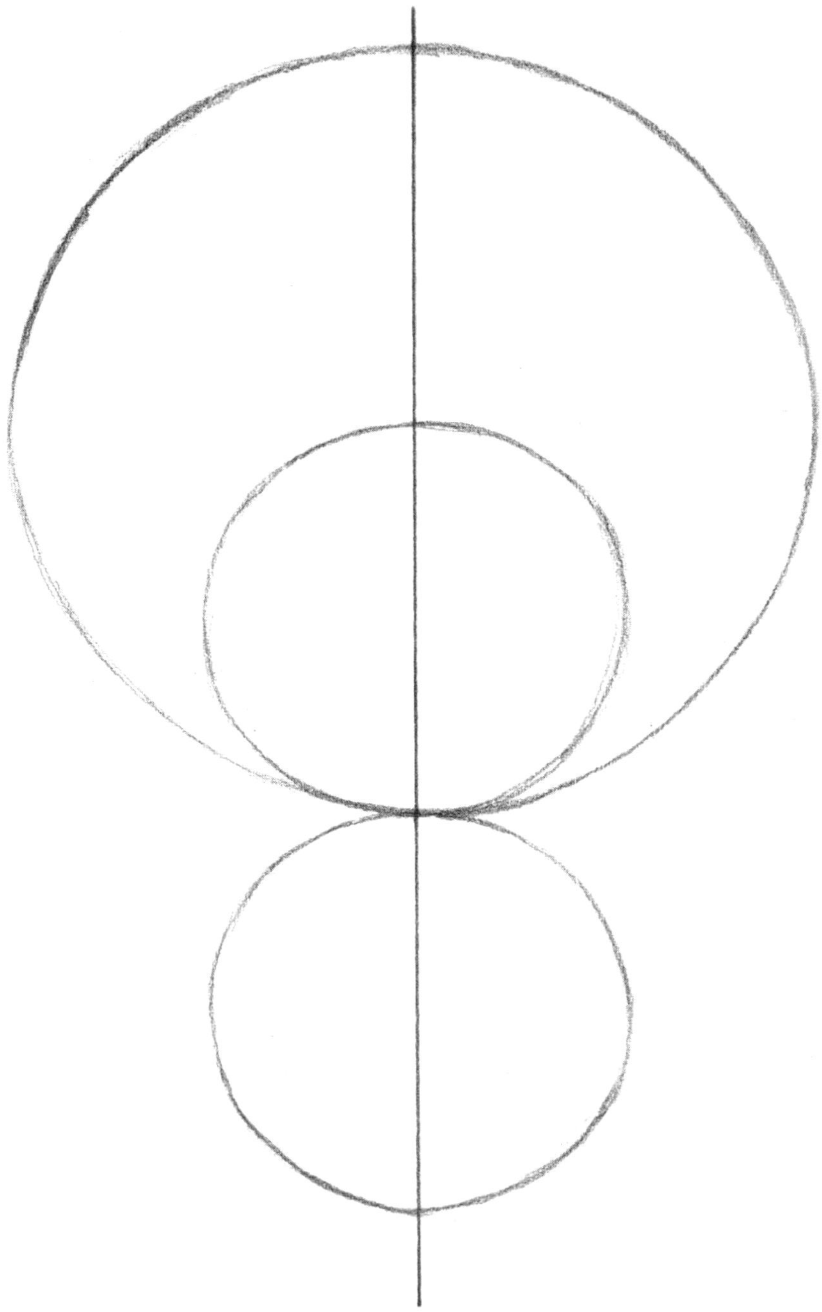

1. 원을 그린다. (자연스럽게 그리자. 도구를 사용하지 말고 자기 손을 믿자.)
   스케치북에 큰 원을 그린 다음 큰 원의 반쯤인 작은 원을 큰 원안에 그린 후 큰원밑에 작은 원을 다시 하나 그린다.

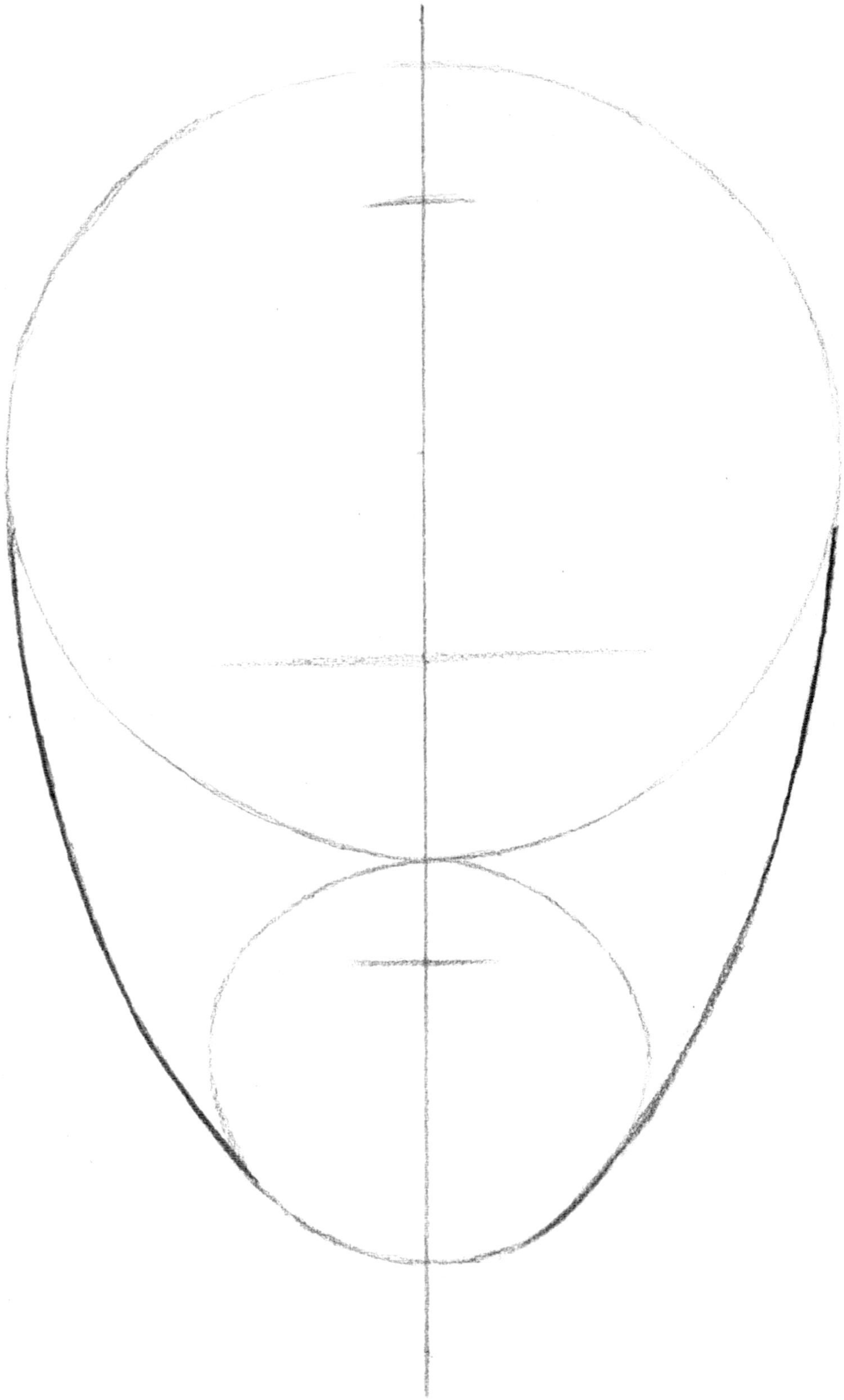

2. 큰 원과 밑의 작은 원을 타원형의 선으로 연결하여 얼굴 윤곽을 그린다.
(카논법에 준하여 정수리 지점과 두발이 시작되는 곳, 귀 윗지점, 코, 입술, 턱선을 그림과 같이 자연스럽게 등분한다.)

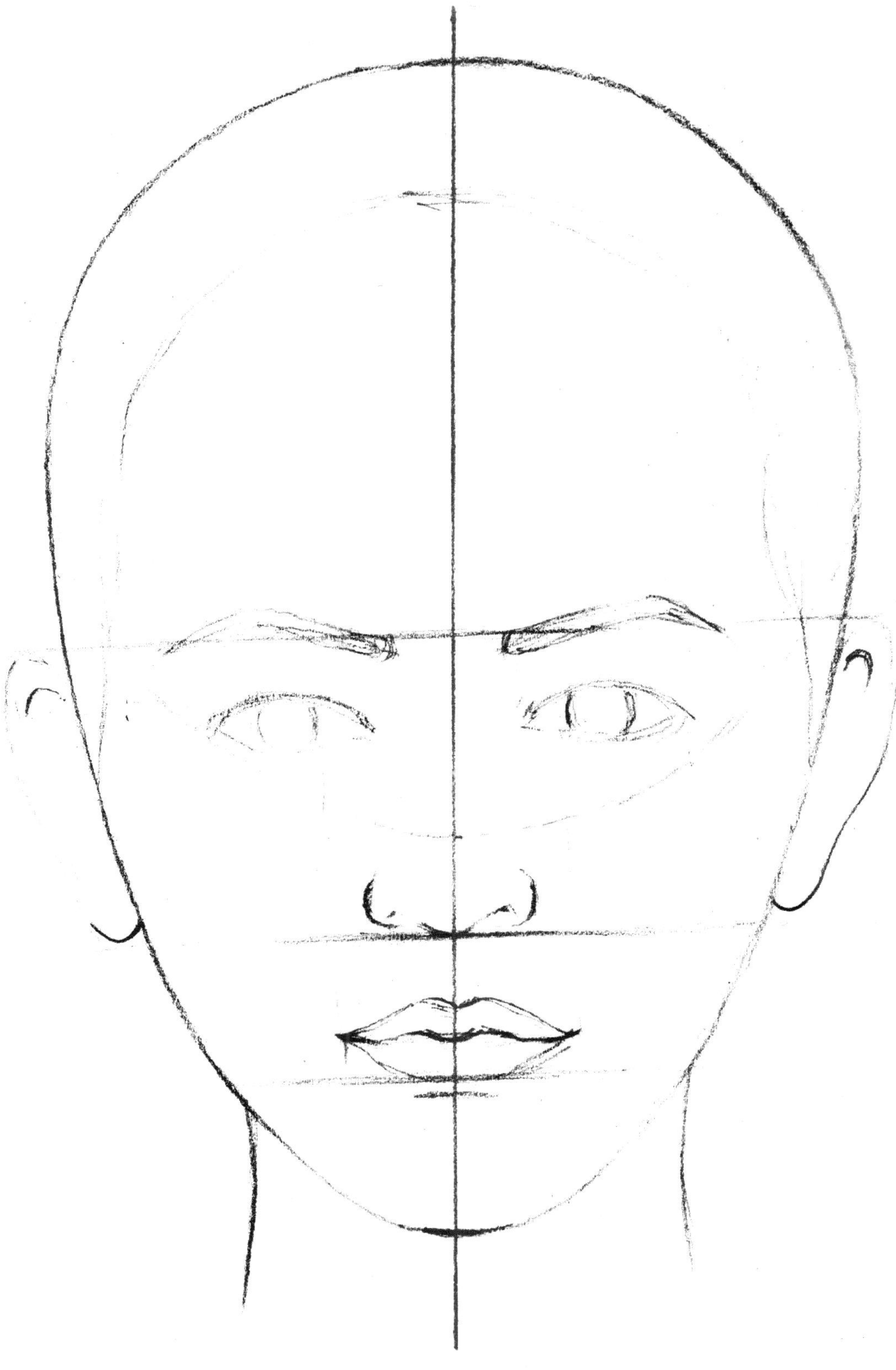

3. 가로방향의 비율을 생각하면서 눈, 코, 입, 눈썹, 귀 등을 자연스럽게 그린다.

4. 모발의 대략적인 형태를 잡고 눈, 코, 입등의 순서로 세부 묘사한다.

2) 측면

측면 방향은 정면의 반을 그리는 것이지만 정면을 그리는 것 보다 의외로 어려운 얼굴 형태이다.
측면의 경우 눈, 코, 입 등 이목구비를 분명하고 약간 과장되게 표현한다.
(약화시키거나 작게 그리면 다소 왜소해 보일 수 있다.)

1. 큰 원을 그린다. (측면의 카논법은 정방형이다.)
정면과 같이 원으로 시작하지만 큰 원 하나면 된다.

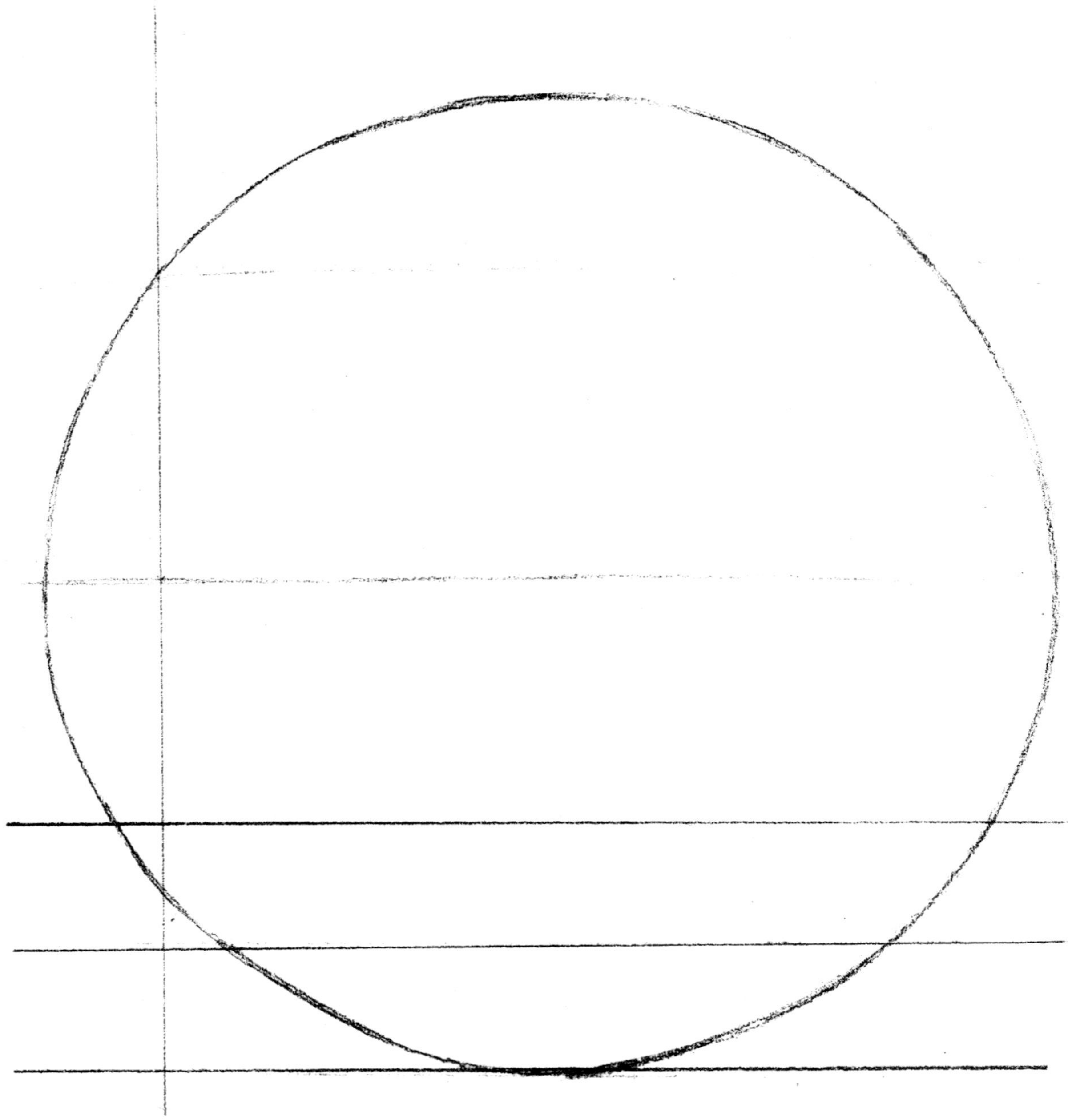

2. 좌측면에 세로 방향의 선을 긋는다. (카논법에 준하여 정수리 꼭대기 지점과 두발이 시작되는 곳, 귀 윗지점, 코, 입술, 턱선을 그림과 같이 자연스럽게 등분한다.)

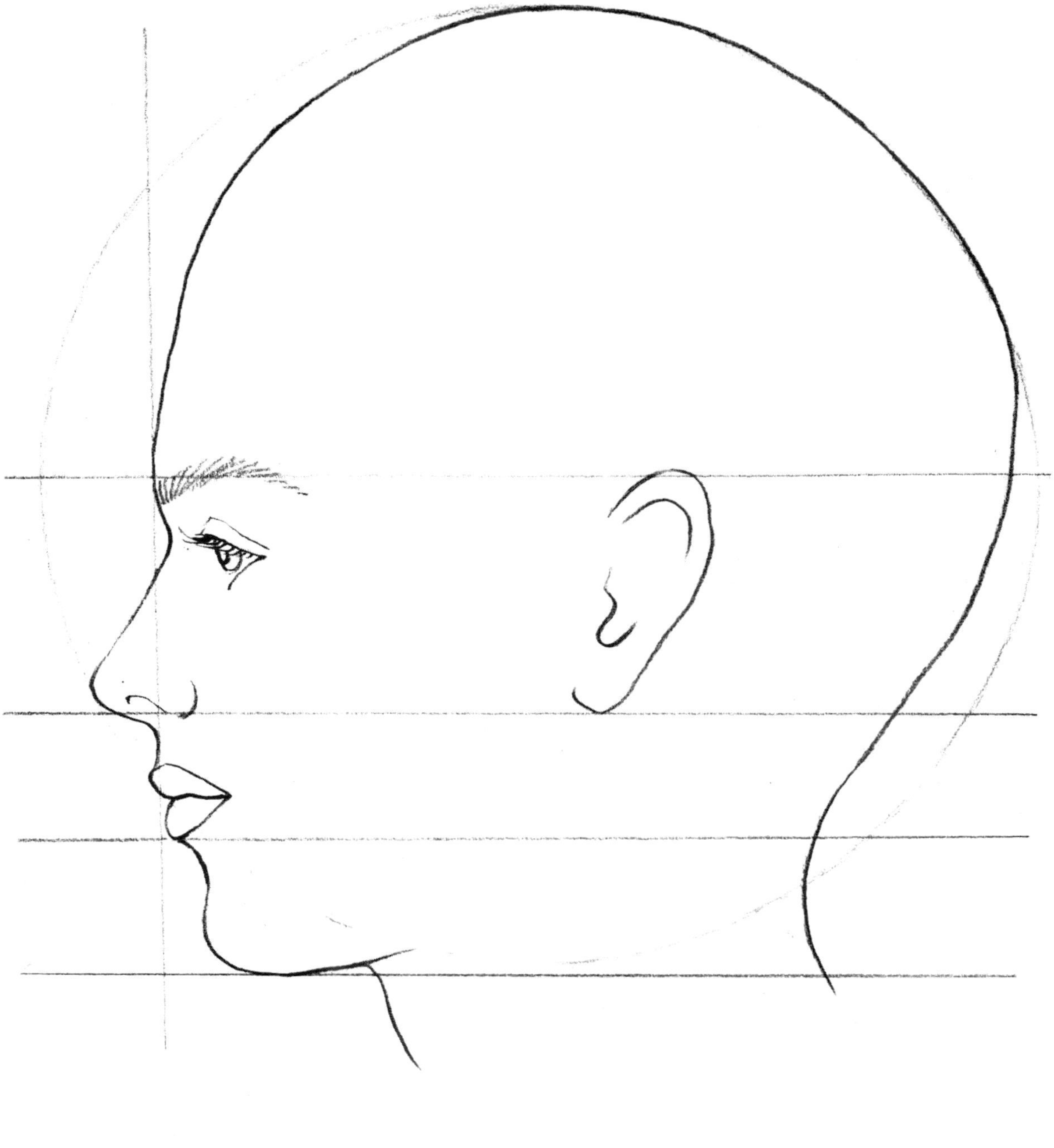

3. 시선방향 쪽으로 튀어나오고 들어간 지점을 생각하면서 눈, 코, 입, 귀 등을 자연스럽게 표현한다. 특히 턱 선이 이마보다 나오지 않게 그린다.

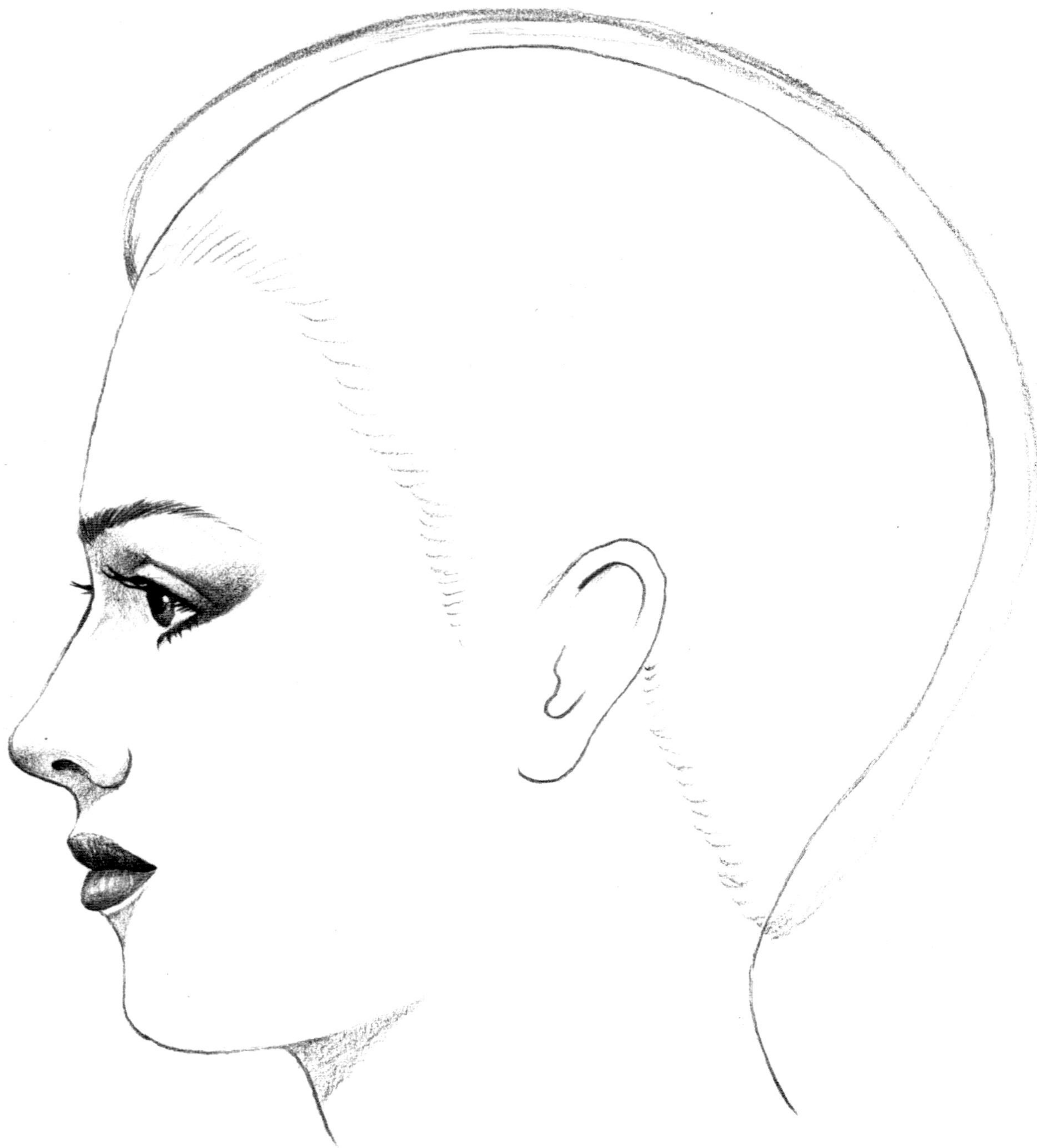

4. 모발의 대략적인 형태를 잡고 눈, 코, 입 등의 순서로 세부 묘사한다.

3) 2/3 측면

2/3측면에서 중요한 것은 얼굴 중심에서 오른쪽과 왼쪽얼굴의 면적이 달라 보이는 것이다.
방향에 따라 눈의 크기, 코의 모양, 입의 모양이 달라진다. 중요한 것은 코를 중심으로 하여 모양이 변한다는 것을 알아야 한다.

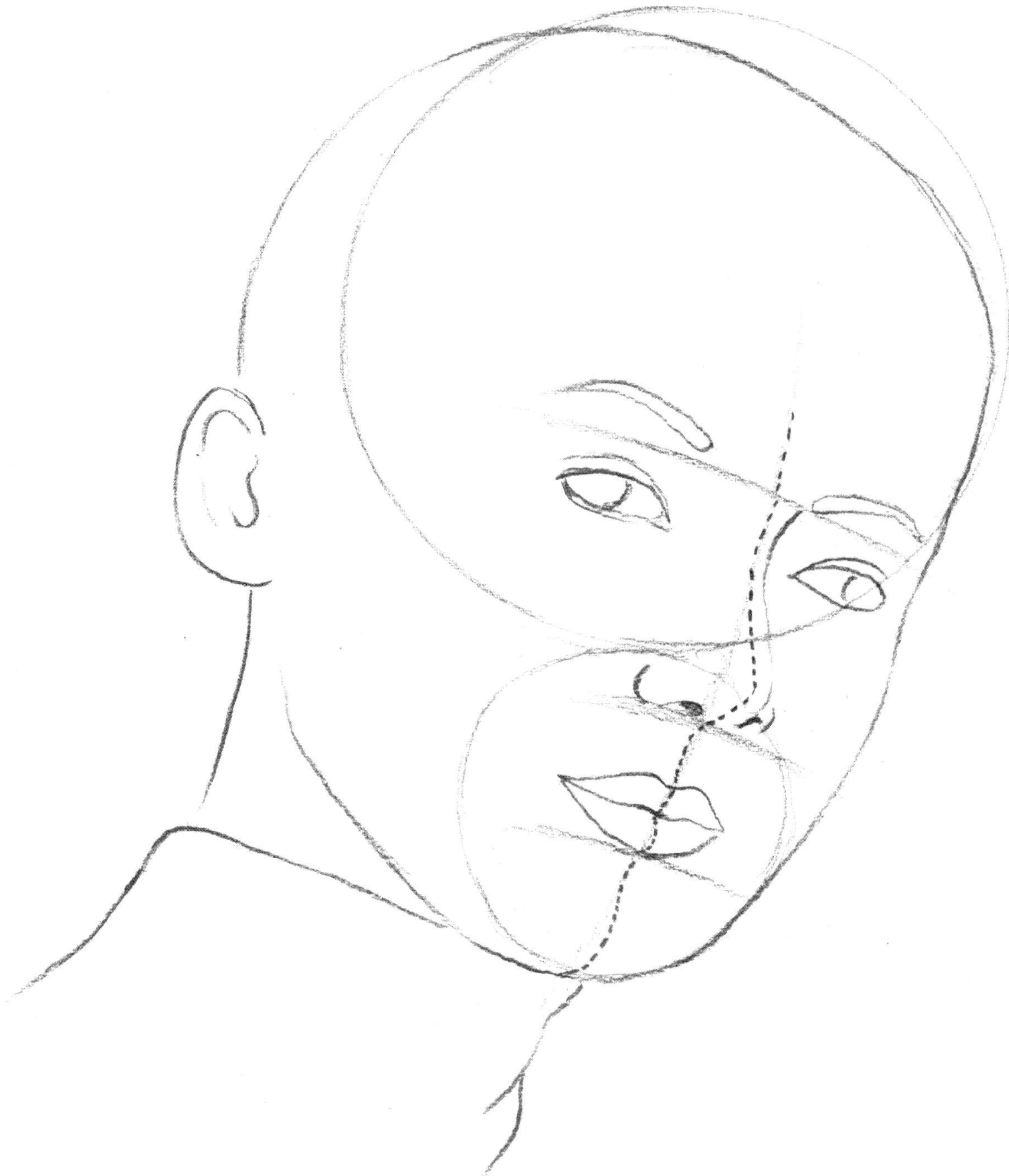

1. 정면 방향과 동일하게 큰 원과 작은 원을 이용하여 그린다. 얼굴의 중심인 코의 기울기, 위치가 중요하다.

2. 부분적인 형태를 정확하게 묘사하고 머리카락의 흐름을 표현하다.

3. 티슈페이퍼, 면봉을 이용하여 메이크업을 하고 머리카락의 밝고 어두운 부분과 흐름을 정리하고 전체를 조화롭게 완성한다.

8. 머리카락의 표현

1) 스트레이트형 헤어

· 머리카락 그리는 법을 이용한다.
· 정확한 머리카락의 형을 파악한 후 어두운 부분부터 시작한다.
· 양 가장자리부터 시작하여 점차 밝은 중앙 쪽으로 손목 전체를 사용하여 선을 반복시키면서 표현한다.

2) 웨이브 형

웨이브형태의 머리카락은 자연스럽고 풍부하게 표현한다.

· 웨이브 형태를 정확하게 파악하여 그린 후 어두운 부분부터 명암을 넣는다.
· 머리카락 그리는 법을 이용하여 웨이브형을 따라 점차적으로 선을 중복시키면서 완성한다.

9. 도구의 사용법

찰필의 사용

직사각형의 도화지를 위의 그림과 같이 오려 그림과 같은 방향으로 접은 다음 끝부분을 손톱으로 조금 떼어 내어서 사용한다.(다양한 크기와 모양을 만들 수 있다.)

10. 사진을 보고 그리는 법

사진을 보고 그릴 경우에는 그리고 싶은 포즈, 머리형, 얼굴의 모양을 선택해서 그린다.
사진은 특히 많은 부분이 음영으로 되어 있다. 이것을 간단하고 명료한 선으로 표현하여야 한다.

1. 전체 형태를 스케치 한다.

2. 부분적인 형태를 정확히 묘사하고 머리카락의 흐름을 표현한다.

3. 머리카락, 눈, 코, 입 등을 전체적으로 양감, 색감을 생각하면서 그린다.

4. 티슈페이퍼, 면봉을 이용해 메이크업을 하고 머리카락의 밝고 어두운 부분과 흐름을 정리하고 전체를 조화롭게 완성한다.

Ⅲ장. 연령층에 따른 일러스트레이션

1. 남성

2. 여성

3. 어린이

4. 중년

5. 노인

남성 정면

남성 측면

여성 정면

여성 뒷면

어린이 정면

어린이 측면

중년 여성 2/3측면

중년 여성 측면

노인 여성 정면

노인 남성 2/3 측면

Ⅳ장. 표현재료에의한 일러스트레이션

1. 연필

2. 색연필

3. 파스텔

4.수채화 물감

Ⅳ장. 표현 재료에 의한 일러스트레이션

일러스트레이션의 실제적인 방법에 있어서 표현재료가 중요한 역할을 한다고 볼 수 있다.
다양한 재료의 선택이 그림의 독특한 마티에르와 개성을 창출할 수 있다.
표현재료를 어떻게 사용하는가에 따라서 같은 작품이라도 전달되는 시각적 이미지가 달라질 것이다. 또한 적절한 재료의 선택이 일러스트레이터가 의도하는 창조적, 개성 있는 작품으로 만들어 줄 것이다.
표현재료는 유행산업이 활발한 면모를 띄게됨에 따라 항상 새로운 것이 개발되고 있으며, 따라서 다양한 재료를 적절하게 사용할 수 있는 능력을 키워나가야 할 것이다.

연필(Pencil)

기본적인 표현재료로서 가장 부드러운 6B에서부터 딱딱한 3H까지 여러 종류가 있다.
거칠고 강한 표현, 부드럽고 편안한 표현, 날카롭고 섬세한 표현 등 연필의 사용법에 따라 다양한 표현을 할 수 있다.

색연필(Colored Pencil)

컬러로 표현할 수 있는 재료 중 가장 사용하기 간편한 것이 색연필이다. 그러나 물감과 색을 섞어 사용할 수 없는 단점이 있어 반복 중첩시키면서 색의 농담을 표현해야 한다.
수성색연필과 유성용 색연필 등이 있고 수성색연필은 물과 혼용해서 사용하면 독특한 분위기를 연출할 수 있다.

파스텔(Pastel)

파스텔은 부드러운 재료이며 종이 위에 묻혀내는 기분으로 사용해야 한다.
깊이 있는 색조를 만들어 낼 수 있는 장점이 있고 완성 후 정착액을 뿌려야 한다.

수채화 물감(Water Color)

많은 기법과 오랜 역사를 가진 재료이다. 겹치기, 번지기, 갈필 등 다양한 기법이 있으며 다른 재료와의 혼합하여 사용하기가 쉽다.

1. 연필(Pencil)

얼굴의 세부 묘사에서 학습한 것을 토대로 그려본다. 면봉, 찰필, 티슈페이퍼 등을 이용한다.

2. 색연필(Colored pencil)

색연필로 그리는 요령은 여러 가지 색을 중복해서 색의 깊이를 나타내야한다는 점이다. 한가지 색으로 표현한 그림은 색의 깊이가 부족해 단조로와 보일 수 있다.

1) 전체를 한 색으로 그린 후 머리카락의 흐름을 그린다.

2) 눈, 코, 입, 눈썹을 그려 넣고 눈꺼풀에 색을 넣는다.

3) 머리카락의 중간색부분과 어두운 부분을 찾아 점차적으로 강하게 그리고
눈, 코, 입, 스카프를 색의 깊이가 있도록 색연필을 중복시켜 그린다.

4) 볼을 티슈페이퍼에 파스텔로 묻혀 문지르고 얼굴의 윤곽과 색의 깊이 등을 생각하며
가장 어두운 부분을 그려 넣고 전체적으로 조화롭게 완성한다.

3. 파스텔(Pastel)

전체의 이미지를 파스텔로 채색한 후 머리카락의 흐름, 눈, 코, 입 등을 색연필로 처리한다.

1) 형태를 그린 후 파스텔을 티슈페이퍼에 색을 묻혀 얼굴, 머리카락 등에 착색한다.

2) 색연필로 얼굴의 형태와 눈, 코, 입 등을 그리고 파스텔로 입체감을 표현한다.

3) 밝고 어두운 부분을 구별하고, 전체의 분위기와 밸런스를 유지하면서 완성한다.

4. 수채화물감(Water Color)

1) 형태를 세밀하게 스케치한다.

2) 큰붓으로 머리카락의 밝고 어두운 부분을 크게 채색하고, 세필로 얼굴, 눈, 코, 입 등을 표현한다.

3) 세필로 머리카락의 흐름과 양감을 표현하고, 메이크업과 얼굴의
각 부위를 묘사하고 전체를 조화롭게 완성한다.

Ⅴ장. 표현기법에 따른 일러스트레이션

1. 사실적 표현
2. 무드적 표현
3. 패턴적 표현
4. 크로키
5. 스케치
6. 생략화

1. 사실적 표현

연 필

색 연 필

2. 무드(Mood)적 표현

그리는 대상인 모델의 외면적 표현보다는 내면적인 이미지를 형상화 한다.
무드화는 그리는 사람의 감정이 중요하다.

3. 패턴(Pattern)적 표현

패턴화는 평면적인 표현이다.
똑같은 방법으로 머리카락의 모양과 흐름 등을 정확하게 선묘한다.

4. 크로키

크로키는 소묘와 함께 일러스트레이션을 배우는 사람에게 없어서는 안 될 중요한 부분이다.
크로키는 단시간(2 ~ 5분)에 모델의 특징을 파악하여 연필, 붓 등의 여러 가지 도구를 사용하여 그려간다.
선이 중복되어도 지우개를 사용하지 말고 그려야 한다.

5. 스케치

머리카락의 실루엣이나 흐름, 얼굴의 비례 등을 잘 파악하여 선의 강약으로 단시간에 그린다.

6. 생략화

생략화는 어디까지 그려야 한다는 원칙이 없다.
미완성의 아름다움을 표현하고, 모델의 특징을 선의 강약만으로 처리한다.
눈, 코, 입 등의 표현은 생략하여도 된다.

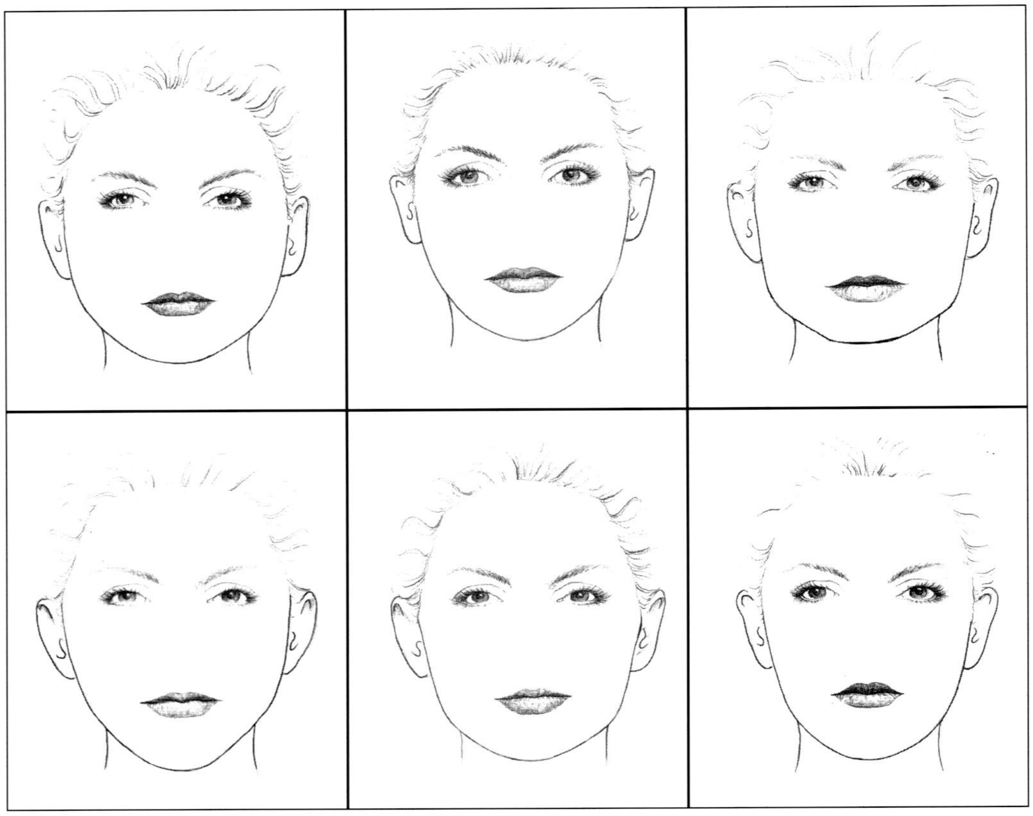

Ⅵ장. 얼굴의 여러 형태에 따른 헤어,메이크업의 응용

1. 둥근형

2. 타원형

3. 사각형

4.역삼각형

5.다이아몬드형

6.긴형

1. 둥근형(Round Face)

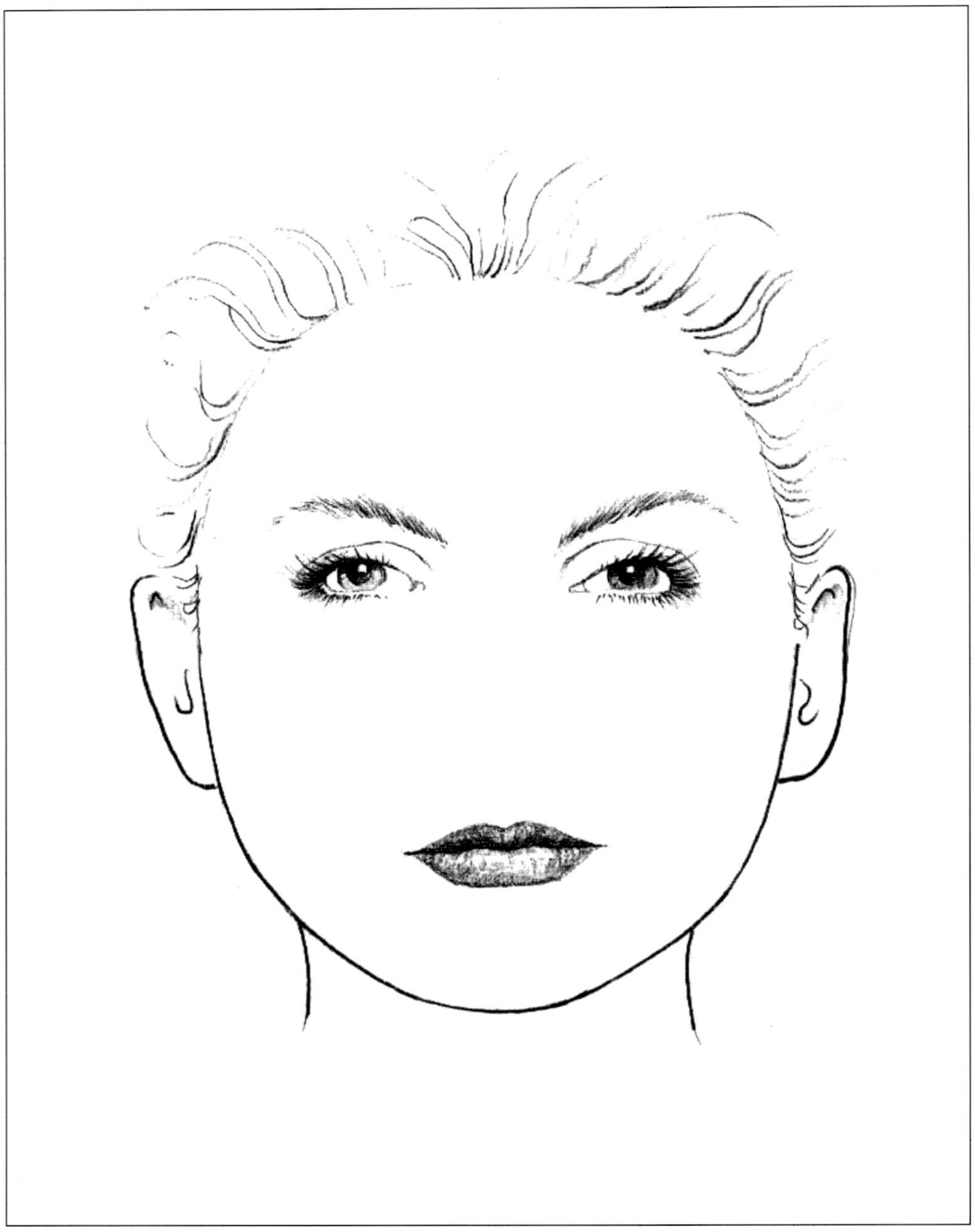

· 둥근형

얼굴형을 수평방향으로 3등분 하였을 때 중앙부분이 넓어 보이는 형을 말한다. 헤어라인은 둥글게 보이고, 양쪽턱은 각이 없으며 곡선형으로 이루어져, 얼굴의 길이가 짧게 보이며 얼굴의 넓이와 길이가 거의 비슷해 보인다.

둥근형의 귀여운 이미지

2. 타원형(Oval Face)

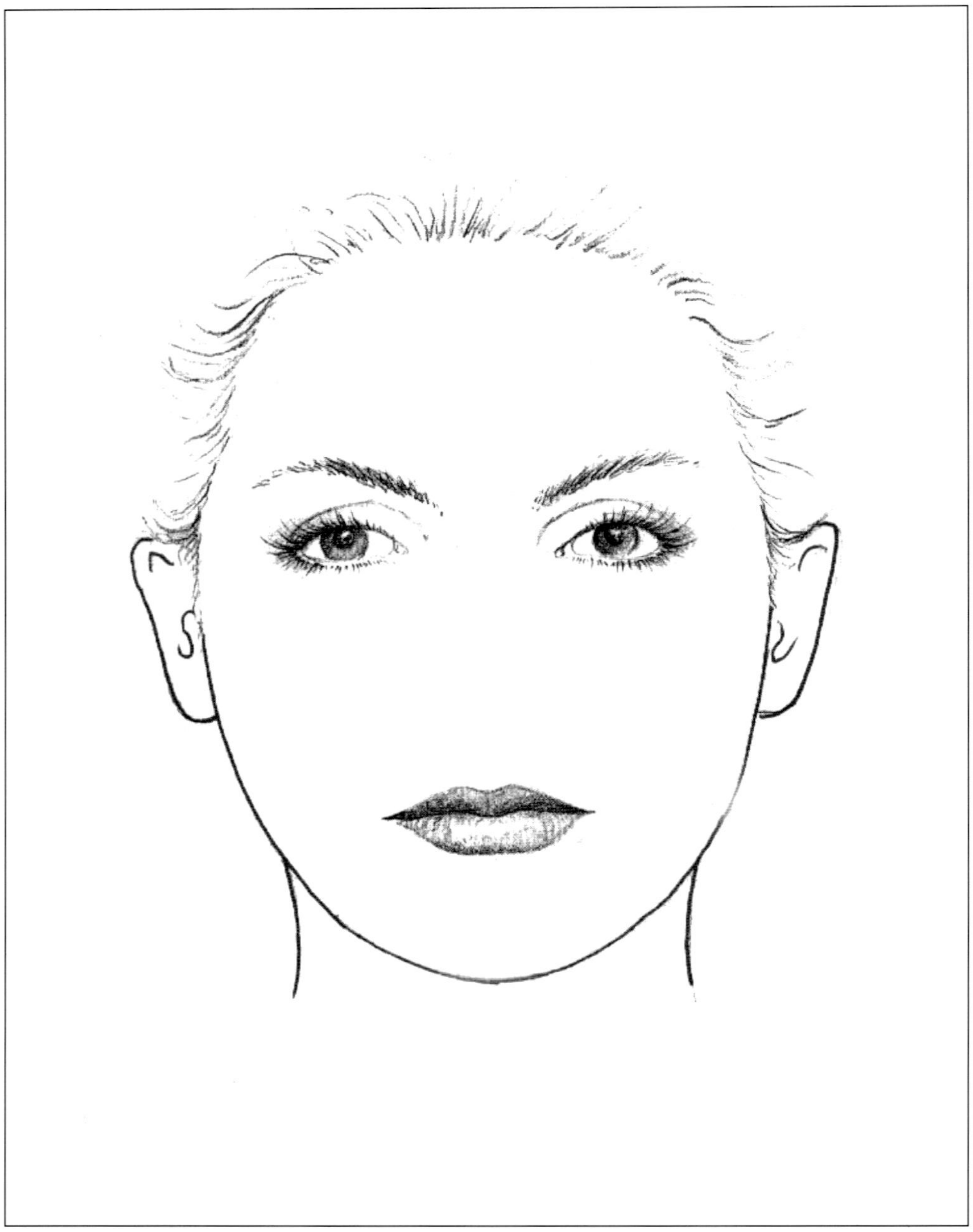

· 타원형

타원형은 중간부분이 넓어 보이고 아랫부분은 좁아보여 매우 이상적인 얼굴형이라 말할 수 있다.
헤어라인은 둥글며 양쪽턱은 각이없고 곡선형으로 이루어져있다.

타원형의 청순한 이미지

3. 사각형(Square Face)

· 사각형

사각형은 얼굴을 삼등분하면 넓이가 거의 같아 보인다.
헤어라인은 수평을 이루고 있으며 양쪽턱은 각이 있어 돌출되어 보인다.
따라서 사각형은 이마와 턱이 직선으로 연결되어 전체 얼굴형은 짧으며,
얼굴의 넓이와 길이가 거의 동일하다.

사각형의 활동적인 이미지

4. 역삼각형(Uninverted Triangular Face)

· 역삼각형

역삼각형의 얼굴은 윗부분 이마가 넓으며, 아랫턱부분이 좁고 뾰족한 선으로 이루어져있다. 또한 헤어라인 부분은 수평을 이루고 있으며 얼굴형은 얼굴면적보다 길이가 짧게 느껴지는 얼굴이다.

역삼각형의 지적인 이미지

5. 다이아몬드형(Diamond Face)

· 다이아몬드형

얼굴 중앙부분이 넓으며, 돌출된형으로 얼굴 상하부분이 좁은 것이 특징이다. 양쪽턱은 약간 각진것 보다 곡선으로 이루어져 있으며 긴얼굴에 속하는 형이다.

다이아몬드형의 섹시한 이미지

6. 긴형(Oblong Face)

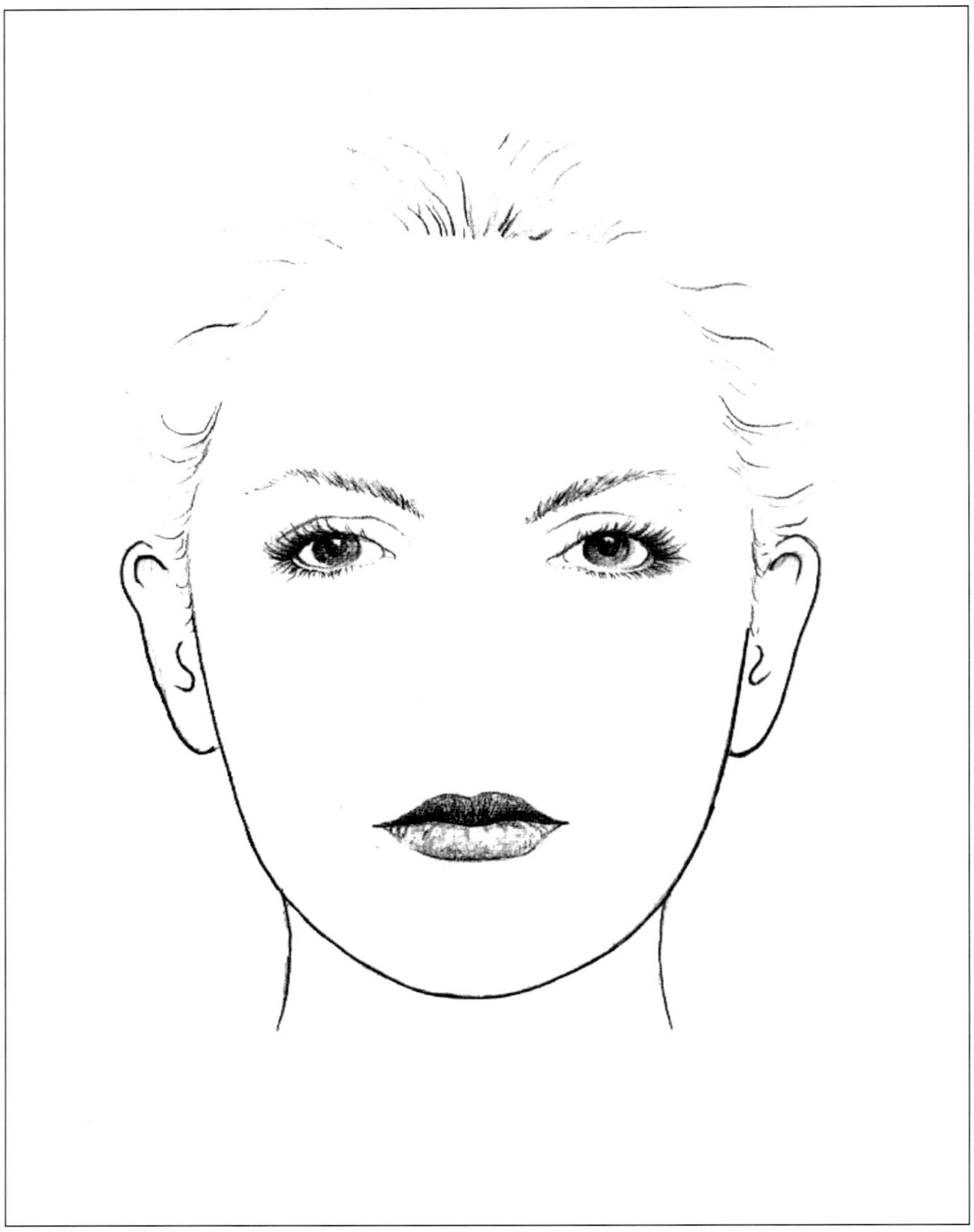

· 긴형

얼굴삼등분의 넓이는 거의 동일하며, 전체적으로 길쭉한 얼굴형이다. 긴얼굴형은 대부분 이마나 턱이 발달해 있으며 코가 긴편이다.

긴형의 여성스러운 이미지

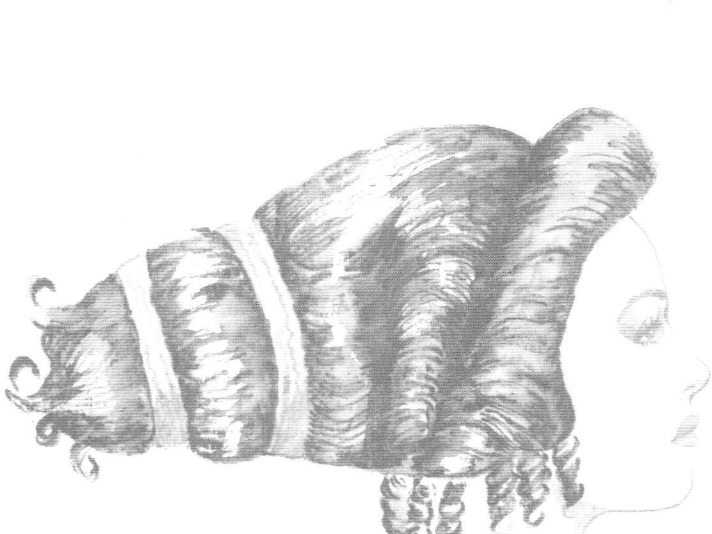

VII장. 시대별 헤어,메이크업의 응용

1. 이집트 시대

2. 그리스 로마 시대

3. 르네상스 시대(15세기)

4.엘리자베스(16세기)

5.바로크 시대(17세기)

6.로코코 시대(18세기)

7.근대(19세기)

8.현대(20세기)

1. 이집트 시대

· 광택이 있는 녹색을 띤 청색이나 녹색의 아이섀도우로 정상적인 눈꺼풀 보다 크게 그려진 눈
· 검은색을 바깥쪽으로 길게 연장하여 문신한 듯 진하게 그려진 눈썹
· 검은 아이라인으로 눈의 양쪽 끝까지 연장하여 물고기 꼬리 모양으로 그린 눈
· 붉은색으로 칠한 입술
· 땋은 머리카락과 가짜 곱슬머리
· 사각형의 가발

2. 그리스 · 로마 시대

· 백납성분의 안료를 사용하여 푸른 빛이 도는 흰피부
· 양눈썹이 가까운 선명하고 섬세한 눈썹
· 윤곽이 뚜렷한 코선
· 녹색, 회색계열의 아이섀도우를 사용하는 눈
· 윗라인이 강조된 아이라인을 한 눈
· 홍조빛을 띤 볼과 입술
· 금 · 은 조각을 사용한 머리치장
· 뒤로 땋아붙인 머리가 유행

3. 르네상스 시대

· 창백하고 투명하게 표현한 피부
· 머리를 뒤로 넘기거나 면도하여 극도로 강조한 이마
· 눈썹털을 완전히 제거한 후 가는 아치형의 눈썹
· 작은 꽃모양으로 표현한 장미빛 입술
· 가볍게 홍조띈 뺨
· 곱슬곱슬한 빨간머리나 천으로 머리를 덮는 가발 사용

4. 엘리자베스 여왕(16세기)

- 눈꺼풀이 두껍고 깊은 눈
- 길고 가는 매부리 코(명암으로 강조 함)
- 강조된 넓은 이마
- 창백한 피부
- 붉은 입술
- 머리에 풍성한 볼륨
- 붉은 머리

5. 바로크 시대(17세기)

· 백분을 바른 흰 피부
· 홍조를 띠거나 붉은 연지를 칠한 뺨
· 모양과 색깔이 장미꽃같은 입술
· 살이 찌고 둥근 용모
· 뷰티페치(beauty patch)를 붙인 얼굴
· 긴 웨이브머리에 퐁탕즈(fontange)를 쓰고 흰색 분을 바른 머리

6. 로코코 시대(18세기)

- 두껍고 창백한 흰피부
- 깨끗하고 강조된 이마
- 가늘게 곡선진 깨끗한 눈썹
- 장미꽃잎 같은 입술
- 뺨의 위치 보다 약간 밑에 볼화장
- 살이찌고 둥근 용모
- 깃털, 과일, 꽃, 새 등을 이용하여 극적으로 과장된 헤어스타일

7. 근대(19세기)

· 자연스러운 흰 피부
· 뚜렷하게 큰 눈
· 연한 입술, 볼 화장
· 가짜머리(가발)를 사용하여 둥글게 말고 꽃과 진주로 장식한 헤어스타일

8. Twiggy 현대(1960년대)

- 밝고 화사한 핑크톤 피부표현
- 아이라인을 강조한 아이홀 메이크업
- 속눈썹을 아래 위로 진하게 붙여 강조함
- 얼굴 앞쪽을 중심으로 바른 볼 터치
- 진주빛 펄의 입술
- 사순(Sassoon) 헤어스타일

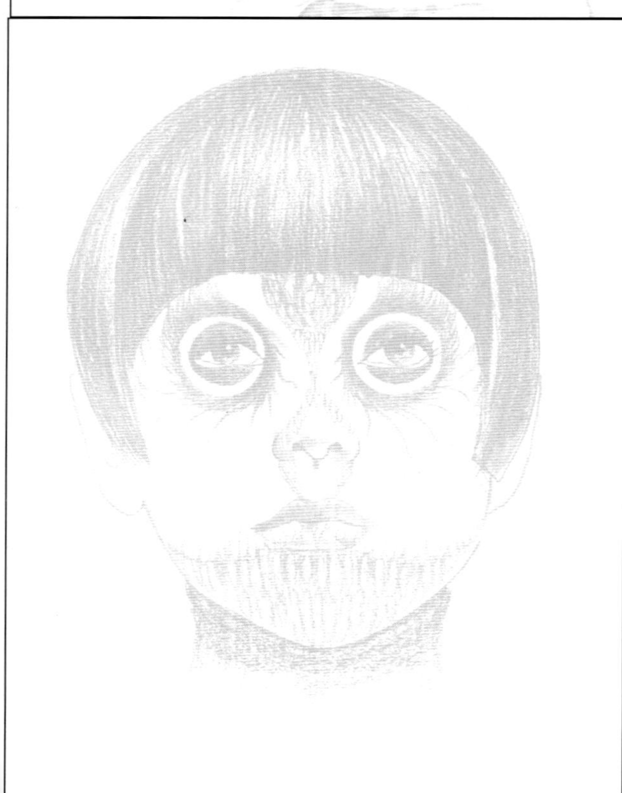

Ⅷ장. 참고작품

◆ 페이스 페인팅 사자(연필+파스텔)

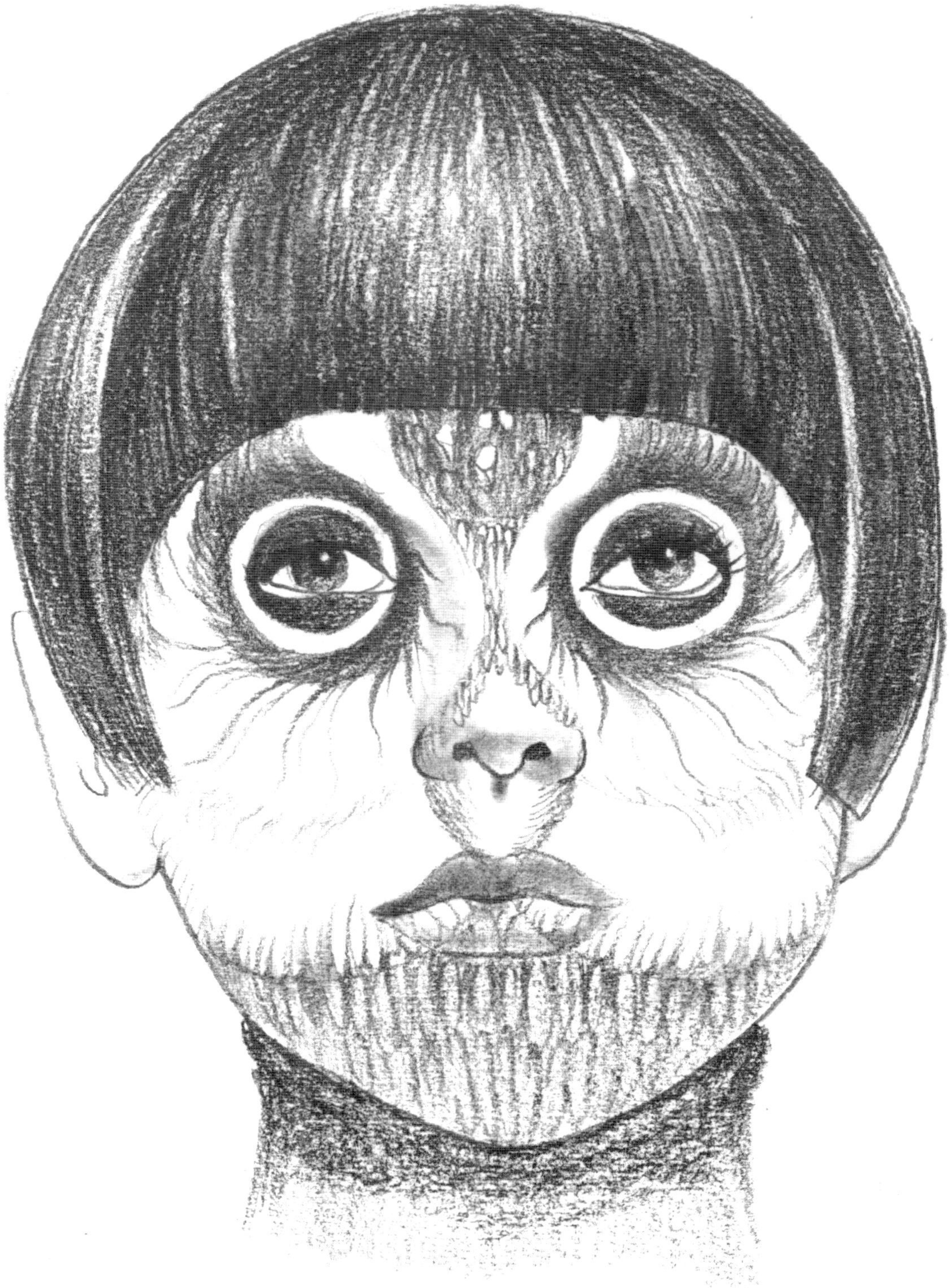

◆ 페이스 페인팅 부엉이(연필)

◆ 환타스틱　패션쇼(수채화)

◆ 헤어 업 스타일 학생작품(수채화)

◆ 네일아트

네일쇼

(색연필+수채물감)

◆ 헤어쇼　섹시무드 학생작품(수채화)

◆ 환타스틱　현대무용(수채화)

◆ 헤어스타일화　펑키이미지 학생작품(수채화)

◆ 패션쇼　사이버이미지(수성색연필＋수채물감)

152

◆ 특수효과분장

학생작품

(연필+수채물감)

153

◆ 쇼 메이크업

학생작품

새장(오브제＋수채물감)

◆ 페인팅
캣츠
학생작품(수채화)

◆ 특수분장

16세기의 비애

학생작품(수채화)

159

참 고 문 헌

1.	〔마뀌아쥬 예술〕	한명숙	1999	청구문화사
2.	〔인체해부와 묘사법〕	루이즈 고던. 문범역	1987	미진사
3.	〔Illustration for Hair and Make-up〕	라사라교육개발원 편저	1987	라사라
4.	〔패션 일러스트레이션〕	박순천	1996	학문사
5.	〔Hair Creative〕	조성태.김미선	1999	리그라인
6.	〔일러스트레이션 기법〕	Terry R. Presnall		삼호미디어
7.	〔연필 초상화 기법〕	윤호	1990	도서출판 그림
8.	〔디자인 공예 대사전〕	박신애外	1990	미술공예사
9.	〔The Face is a Canvas〕	Irene Corey	1990	Anchorage Press
10.	〔Travaux Pratiques, COIFFURE〕	Sylvie Quernet	1994	EDUCALIVRE

헤어·메이크업
일러스트레이션

2000년 12월 10일 초판발행
2003년 8월 30일 초판2쇄발행
2007년 8월 30일 초판3쇄발행
2017년 8월 30일 초판4쇄발행

지은이 / 한명숙, 손만식
펴낸이 / 이상태
펴낸곳 / 청구문화사
주　소 / (03706) 서울특별시 서대문구 성산로11길 15
전　화 / 02) 332-0541(代) **팩　스** / 02) 337-9577
등　록 / 1990년 11월 2일 제9-247호

가격 25,000원

ISBN 89-88352-73-4 93590